神の愛《アガペ》と人間の愛《エロス》

手塚誠臨
TEZUKA SEIRIN

幻冬舎MC

神の愛《アガペ》と人間の愛《エロス》

まえがき

人類は盛大に発展した生物であるようにも見える。しかし、一方では核兵器を作り出し、自らの生物の一種としての運命を、自ら滅ぼす可能性を手にした奇妙な生物でもある。

「汝自身を知れ」という先哲の言葉に従えば、人類とは何か、を知らねばならない。それにはわれら人類の起源を知る必要がある。

現在の起源については、子供じみた、単なる思いつきのような説があるだけで、非科学的な説ばかりだ。そこで私は科学的検証に耐えうるリン・マーギュリスの共生発達説、珪素生物説、霧（チリ）状生物説などを参考にして、人類の起源についての考察を提出したい。

但し、共生発達によって人類が誕生したとしても、種々の問題が生ずることになる。

仏陀は善い生き方をした人は天国に行く、と説いているが、何が行くのか、それが問題だ。次いで、全ての夫婦がうまくゆくとは限らぬように、合体者同士のトラブルも相克もある。

それは禅の公案に凝縮されている。それを私なりに解明した。但し、異論も「アリ」である。

最後に、時々霊的に敏感な人がいるが、作家のドストエフスキーもその種の人で、霊からの知らせ（ラップ音）をよく聞いていて、それについて考察した。この作家は、霊肉の合体した人間のドラマを主人公ラスコリニコフ、副主人公スヴィドリガイロフに託して、大作、『罪と罰』を書いた。霊肉の葛藤だけでなく、犯罪小説の傑作でもある。そのように読んでも何ら差しつかえない。

最後に、本書を読まれた方が、少しでも展望が開け、多少なりとも心の栄養となることを願ってやみません。

手塚誠臨

目次

神の愛《アガペ》と人間の愛《エロス》

霊魂共生による人類起源論

人類の起源

人類の起源は謎とされている。一般に流布されている説は次のようなものである。アフリカの熱帯雨林地帯に住んでいた猿が、森林の乾燥によって地上に降り立ち、何故か二足歩行を始めた。その為に脳の重量が増加した。そして人間となった……。これは五百万年から三百万年前とされている。これには三つの疑問がある。

（イ）何故二足歩行を始めたのか、未だに説明がつかない。

（ロ）二足歩行をすれば脳の重量が増加するのかどうか、これも疑問である。

（ハ）脳の重量が増加すると人間となるのか、これも疑わしい。

（イ）の人間が二足歩行を始めた原因については幾つもの説がある。以下列記する。

（1）見張り説

アメリカの草原にいるプレーリードッグは、立ち上がって遠くを見渡し、警戒するような、二足のポーズをとる。しかし、その時だけであとは四足歩行である。

（2）果実採取説

クマや、その他の一部の動物は、高い枝になっている木の実をとる時、立ち上がって食べる。しかし、これもその時だけである。

（3）持ち帰り説

採取した食物を巣に持ち帰る為に、立ち上がって二足歩行になったという説。しかし、実際に観察した例では、サルは食物を口にくわえるか、片手で持って三本足で歩いてゆく。

（4）権威誇示説

ボス猿は権威を誇示する為に立ち上がり、そのボス猿がメス猿を独占し、やがてそのボス猿の子孫のみとなり、二足歩行を始めたという説。しかし、ボス猿は、時々立ち上がりはするが群れの中央の高い所ですわっていることが多い。

（5）水辺生活説

人間は一時期、水辺で生活していたので、浅い川を渡る為に立ち上がり、それが常態化したという説。しかしこれも常態化するほどに、川を渡る必要があったのかどうか、不明だ。

（6）直射日光を避ける説

立ち上がると上から照りつける太陽の直射日光は少なくてすむ。しかし太陽は一日中、真上にあるわけではない。

以上見てきた通り、科学的な説というよりは単なる思いつきを出ない、実証性の乏しいものばかりである。それに二足歩行は、ダーウィンによれば、生物の構造上、「正気の沙汰とは思えない」難点の多いしろものなのである。

①敵（猛獣）などに発見されやすい。
②転びやすい。ケガのもとだ。
③走るスピードが出ない。四足で地面をける力が半分にしかならない。

④腰痛、ヘルニア、痔などの持病になりやすい。

しかし、人類はこれらの難点があるにも拘わらず、決然として二足歩行を始めたのである。それは何故か。

（ロ）二足歩行を始めたから脳の重量が増えたというのは正しいか。

人間が四つんばいになって、手と足で歩いてみると、頭が重いのでかなりしんどいのは確かである。重い荷物は手でぶら下げるよりも頭の上にのせて運ぶほうが楽だ。京都の大原女や中央アジアの女達はそのようにしている。しかし逆は必ずしも真ならず。運ぶことができるようになったから、運ぶ荷物の重量が増えたとはいえない。大きな財布を持ったら、お金が増えたというようなものではないか。ダチョウなどは強靭な足を持って二足歩行しているが、頭はむしろ小さい。

カンガルーなどは巨大な後足を持っていて、二足歩行というよりは、ピョンピョンとはねるように歩く。人間は面白がって、前足にグローブをはめてボクシングなどさせたりする。しかし、頭は小さい。二足歩行したから脳の重量が増加し、人間になったという説は信ずるに足りないのである。

（ハ）脳の重量が増加したから人間になった、という説は正しいか。

人間よりも重い脳を持った動物はいくらでもいる。陸では象、海では鯨など、人間よりはるかに重い脳を持っている。しかし、これらの動物は人間にならなかった。重量の問題ではなく、質のちがい、働きのちがいなのだ。

実は二足歩行によって地球上の王者となった生物がかつて存在したのである。ティラノサウルスなどの肉食系恐龍である。彼らは当初平面上で敵と戦っていたが、ある時、上から飛びかかって攻撃するほうが有利だと気がついたにちがいない。上からの攻撃方法を学びとると彼らは後足で立ち上がっているのが常態化し、後足と敵にかみつく口と走る時に上体とバランスをとる尾が巨大化した。前足は未発達のままだった。こうして彼らは当時の地球上の王者となった。上部からの攻撃は制空権を得たようなものだ。彼らに対抗する為にステゴサウルスなどは背中に棘《トゲ》のような防具を発達させたのだろう。彼ら肉食系恐龍は確かに二足歩行によって地上の王者となったが脳は発達しなかった。つまり文明をきずくことはなかった。結論として二足歩行によって脳が増加するというのも、人間になるというのも信ずるに足りない説なのである。

（恐龍は、現在の説では6500万年前に、メキシコのユカタン半島沖に落下した巨大隕石によってひき起こされた一大気候変動によって絶滅したとされる。彼らが人間に人気なのも、同じ地球上の支配者だからだろう）

共生進化論

生物が進化してきたのは事実だが、その原因についてはよくわからない。ダーウィンの自然淘汰説は、生物の外部の環境が生物を選別してきた、という説で、ほぼ正しいと認められているが、実験によって実証されているわけではない。進化の時間が長いので実験室内にはおさまらないのだ。

そして生物内部の進化の要因については、解明されていない。この状況はたとえば、多くのメーカーが商品を作り、市場に出て消費者に認められ、売れたものだけが、さらに増産されて市場に商品として存続し続ける、というような説でメーカーの自主的な商品作りの努力、アイデア、プロセスなどについては解明されていない。

現在、その生物内部の進化の要因について、注目されているのはリン・マーギュリスの共生進化説である。共生とはよく使われる言葉だが、およそ三種類に区別される。人間と動物が自然の中で共生する、などというのは、外部で共生する場合である。人間の腸内には、百種類百兆個もの腸内細菌がすんでいるが、これは内部共生である。二つの生物が合体し、一つの生物となる場合がある。彼女の説はこの合体共生で、共生発生説とよばれている。共生発生説は、ロシアのコンスタンティン・メレシコフスキーが提唱した概念だが、彼女は具体的にそれを解明し、動物と植物の起源をすじみちをたてて説明したのである。まず、

①好熱好酸の古細菌（サーモアシドフィル）と

②遊走性プロチスト（単細胞生物）が共生合体した。勿論、原因はあきらかではないが、双方に利益があったか、一方が一方を必要として取りこんだかである。人間世界で行われている企業合併などとさして変わりはないと考えられる。

この①+②の生物は嫌気性だったので、当時地球上に充満していた酸素の強い毒性から逃避して酸素のない地下に生きていたが、酸素呼吸細菌を見つけるとこれと合体した。

これによって酸素呼吸が可能になり、酸素の多い地上で自由に活動できるようになった。これが真核細胞であり、現在の動物の祖先となった。

さらにこの真核細胞のあるものが、緑色の光合成細胞と合体した。この緑色の細胞は、その生物の内部で葉緑体となり、この合体した生物が現在の植物の祖先となった。

これはおよそ20億年前とされている。

これが彼女の説のあらましである。

動物にも植物にも、我々の細胞内にもある、ミトコンドリアは、体内のエネルギー工場であり、筋肉の運動、消化、脳の思考の動力源となっているが、独自のDNAを持っているので、もともとは自由な生活をしていた独立した細菌だったと考えられる。つまり取りこまれ、合体したのである（わかりやすくいえば、ある大会社の工場部門は、もとは独立した小さな会社だった、というようなものである）。従って、彼女の説は正しいと推測される。新しい説が常にそうであるように、ダーウィン進化論信奉者からは非難されているが、彼女の説は徐々に認められつつある。この共生進化説は、大型の動物にも適用できるとしている。

霊魂共生論

私の人類起源論は、霊魂と猿が共生して人類が誕生し発達したという説である。考えようによっては霊魂が猿にとりついた、あるいはハイジャックしたというべきものかも知れない。これはリン・マーギュリスの説の援用である。霊魂については次の章で解明するが、まず人間の脳の発達については他の動物とははなはだしくちがって、突然にかつ急激に進化したのである。

アメリカ、エモリー大学のロリー・マリノ博士の説は次のようなものである。

「地球上には、二つの異なる環境で独自に進化した二つの複雑な脳が存在する。イルカの脳は、豊かな水の世界（河川と海）で、過去六千万年の間に独自の進化をとげた。それに対し、ヒトの脳が急激に大きくなったのは、およそ三百万年くらいからのことで、少くとも二百万年くらいまでは、地球上でもっとも大脳化が進んでいた哺乳類はイルカだった」　（『天に満ちる生命』ＮＨＫ「宇宙」プロジェクト編より要約）

また霊長類学者の澤口俊之博士は次のように述べている。

「そもそもヒトの脳は形態進化としては例外的にはやい速度で進化してきた。たかだかここ二百〜三百万年の間で三倍以上も大きくなったのである。しかもその始まりは突然のように、だ。（中略）ヒトの脳の進化は、少くとも、霊長類のなかでは例外的に早かったし、しかもそれは突然のように始まった。（中略）そして多重構造としての大脳新皮質・脳は多重要因のもとに急速に発達し、その多重性も最大限に豊かになってきたのではないだろうか」

（澤口俊之『脳と心の進化論』より要約）

人間の脳には、何故か突然に、かつ急激に進化衝動が加えられた。それは、例えてみれば車の変速ギアが、ローからトップになったようなものだ。その原因は何か。それは私は、霊魂との共生にあると思われるのである。

そして、そこには、独自の秘密の目的があると思うのだが、それは後で述べる。

人間に急激に加えられた進化衝動によって、人間の体には大きく二つの変化が起きた。まず「のど」の変化で、これによって様々な音声が発声できるようになった。それまで単純な信号レベルだったものが、複雑な内容を持った言葉が使用できるようになった。

そして言葉はもともと対人の伝達機能のものであり、これだけでは不足である。それで、進化衝動を具体化する対物の専属器官として手を前足から昇格させ、発達させた（つまり、前にあげた幾つものマイナス要因があるにも拘わらず、重くなった頭を支え、手を使う為に二足歩行を始めたと私は推量している。手は様々な道具をつくり、武器をつくり、文字を書き、ピアノやバイオリンを弾き、絵をかき、車を運転し、パソコンを操作する）。

それだけではない。

「コンピューターの心臓といえるＩＣ（集積回路）の拡大模型図は、はじめは人間の手で描かれたものです。精密機械の部品をつくる為の金型《かながた》も職人の手製です。カーブや薄さの微妙な部分の仕上げはベテランの職人でしか出来ない至芸です。芸術であり、最高峰の技術ともいえます。その他、新幹線の電車の頭部や宇宙衛星用のロケットの先端部分の「帽子」の流線型のラインも、最初は人間の手で描かれ、職人の手で模型がつくられたり、合成板が叩き出されたりするのです」

（鷲田小彌太『これでわかった「現代思想・哲学」大全』より要約）

カントは「手は外部に出た脳である」と云っている。結論として、手と言葉とは、大脳新皮質の忠実な二人の部下なのである。

息ぬきの余談

人間は何故尻尾を失ったか。

尻尾は随分と便利なものである。オマキザルにとっては、森林の枝から枝へ渡る際の五本目の手である。カンガルーのオス同士の争いでは、尻尾で瞬間的に立って相手をキック攻撃する。これは五本目の足だ。サソリの尻尾は強力な毒を仕込んだ武器である。トカゲは逃げる時に尻尾を切る。切られた尻尾は、束の間くねくねと動いている。これは身代わりだ。馬はあの房状の尻尾でハエなどを追い払う。これはウチワだ。ボス猿はピンと尻尾を立てている。これは旗である。犬が尻尾をふるのは歓迎のメッセージだ。猫は眠っている時、呼ぶとピクンと尻尾を動かす。これは返事代わりだ。但し、何度も呼ぶと「うるさいわね」というふうに「ニャー」となく。孔雀の尻尾は、特にオスは美事な装飾であり、広げるのはプロポーズ（求愛行動）である。以前、関西の競馬場で疾走する時、グルングルンと尻尾をふり回す馬がいた。お客さんはそれを見て大喜びだった。あまり勝つことはなかったが、大変な人気馬だった。馬もお客さんが喜ぶのを知っていて、尻尾を回すのを忘れなかった。これは何だったのだろうか。プロペラのつもりだったのか（?）。こんなにも役に立つ尻尾を人間は何故失ったのか。御先祖は、猿ではないんだぞ、という心意気を示す為か。ロダンの「考える人」のようにすわる時に邪魔だったから無くなったのだろうか。

「私の答」

　人間は、万能ともいうべき「手」を発達させたので、尻尾はお役御免になったのである。

私の二足歩行結論

人間は重い頭を支え、手を使う為に二足歩行を「技能」として始めたのである（言葉もおそらく、同じであろう）。四足動物の赤ちゃんは生後数時間で立ち上がり歩き始める。人間の赤ちゃんは歩き始めるまで数ヶ月かかる。生まれた後、当分は這い這い（四つん這い）である。これが生まれつきなのだ。

古代中国、趙の国の田舎者が都の邯鄲《かんたん》に行って、都ぶりの歩き方をおぼえようとしたが、おぼえきれず、田舎に帰ろうとしたが、自分の歩き方を忘れ、這って家に帰った、という話がある。（荘子）

古代オリエントの神話に出てくる人面獅子身の怪獣スフィンクスは、「朝は四本足、昼は二本足、夜は三本足で歩く者は何か」という謎をかけ、解けない者を食い殺していたが、エディプスに「それは人間である」と答えられて、死んでしまった。これは要するに二足歩行は生まれつきではなく、訓練によって習得する技能であることを示している。

生物学的霊魂論

霊魂とはどのような生物か。

地球上の生物はもともと宇宙から来た、という説は古くからある。神話伝説のたぐいは除いて、科学的には十九世紀の終わり頃に、アレニウスが、微生物のような小さな粒なら、太陽の光エネルギーの圧力で、宇宙から飛来できるとした。そして地球上の生物は宇宙から来た微生物から始まったという説を唱えた。これはパンスペルミア説とよばれている。しかし、この説は宇宙空間に危険な紫外線、宇宙線が存在し、それによって死滅してしまう可能性が高い、と批判された。

これに代わって、ケルビンは、地球に飛来する隕石に乗って生物が飛来するという説を述べた。これなら紫外線宇宙線から生物は守られるから安全に地球に到達できる。これ以外にも様々な宇宙から生物、あるいは生物の素材が来た、という説があるが、これらは全てパンスペルミア説とよばれている。

天文学者でＳＦ作家のＦ・ホイルや、ＤＮＡの二重ラセン構造をワトソンと共に解明したクリックなど、多くの信奉者、研究者がいる。現在までに宇宙から飛来した隕石の中から、アミノ酸が発見されているので、「隕石素材運搬説」は正しかったことになる。

また、数年間も水分なしの乾燥状態で生きていることが可能で、紫外線、宇宙線にも耐久力のある生物、クマムシが発見されているので、生物そのものが、宇宙から来たという説も否定できない。

宇宙から来たという生物があるとするならば、それはどのような生物か。

カール・セーガン博士は気球のような生物をイメージしているし、フリーマン・ダイソン博士はチリ（微粒子、霧状）の生物を想像している。いずれも足がなく、空中

を浮揚するのだ。ＮＡＳＡエイムズ研究センターのＪ・ヘーガン博士は
「生命がどのような形をとるかは無限の可能性がある。私達は生命について考える時、どうしても地球の生命を基準にしがちですが、そろそろそういう先入観から解放されるべき時に来ているのではないでしょうか」（前同『天に満ちる生命』より要約）
そのヘーガン博士が一番興味を持っているのは、半導体に使われるシリコン（珪素）から体を作る生物である。
「シリコンは炭素以外で複雑な分子の結合を可能にするほぼ唯一の元素であることがわかっています。たとえば生物の体の内部でケイ酸塩や金属が電気を帯び、電気的なエネルギーをたくわえ、それをコンデンサーのように作用させるメカニズムがあれば、外部とエネルギーをやりとりして生命活動を営むことが出来るかもしれないのです」（前同）
（シリコンは太陽光発電に用いられている）

以上総合するとこんな生物の可能性がある。
・霊魂は宇宙から来た生物である。
・主成分は珪素（シリコン）である。
・透明である。
・昼の間、太陽光で発電し、夜に活動する。
・チリ（微粒子、霧状）である。
・空中浮揚する。
霊魂はこのような生物ではないか。

霊魂の活動

霊魂が人間の内部に生息して活動しているとすれば、それはどんな働きをするのだろうか。端的にいえば、「自分を見ている自分」「もう一人の自分」である。これが働くと「オレは幸せ者だ」とか「ワタシは美しいわ」と自己評価する。自己を高く評価すると自己神格化を始め、極端に自己を過小評価すると、自殺したりする。霊性は共感能力であり、電気的性格を持っているので、世界中の誰とでも交流する。世界中の文化芸術にも共感できる。従って広域的である。また過去の文化芸術にも共感できるので、長期的である。

これをまとめると霊性は次のようになる。

一、自己を意識する。

二、他者に共感する。

三、広域的である。

四、長期的である。

良い意味で霊性が発達した人間は、スケールの大きい茫洋とした人物となり、霊性の悪い面がでると、ぼんやりした、しっかりしない、足が地につかない、夢遊病者的人間になりやすい。

これに対し、身体感覚（体感）はどうか。禅でいうワレ・イマ・ココ（自己・即今・当処）のはっきりした、医学的にいう見当識のしっかりした、リアリストである。両者共にめざめるのが望ましいが、実際には難しい。「夢を持て」と「足もとを見よ」（脚下照顧）とを同時には難しい。

霊魂の目的

私の考えでは、霊魂と合体共生して人間が誕生して以来、異常な速度で進化してきたし、文明の面でも進歩を続けている。しかし、究極の目的があるように思う。それは何か。

アメリカのＮＡＳＡ。日本のＪＡＸＡ。世界各地の天文台、スペースシャトル、宇宙ステーション、惑星探査機、ハッブル宇宙望遠鏡、人工衛星など、いったい今までどれほどの費用を人類は使ってきたのだろうか。さもしい考えだが、さしたる実益はないように思える。

一部の人工衛星は、偵察や観測や通信に役立っているが、ほとんどは宇宙に対する好奇心を満足させる為だけのようだ。だが、さしたる実益などなくても、人類はこれからも宇宙をめざすだろう。それは人間の中の霊魂が故郷である宇宙へ帰還しようとする衝動のようだ。そうだとすると人間は霊魂に乗っとられた（ハイジャックされた）猿ということになるのではなかろうか。

医学的にみた霊魂

アメリカの脳外科医で、脳研究の世界的権威であるワイルダー・ペンフィールド博士の、五十年にわたる研究の成果による証言を引用する。

「私は何らかの結論から出発しているわけではないし、最終的で変更の余地のない結論を出して終ろうというものでもない。

今まで得られている神経生理学上の証拠を、『人間は一つの要素から成り立っているのか、それとも二つの要素から成り立っているのか』という観点から見直しただけなのである。

すなわち脳だけで心の働きを説明できるという、十分な証拠はなく、人間は一つの要素ではなく、二つの要素から成り立っていると考えたほうが理解しやすい。心はそれ自体、基本的な要素と呼ぶべきものである。霊とか魂とか、呼び方はいろいろあろうが、要するに実体のある存在なのだ」

（ワイルダー・ペンフィールド『脳と心の正体』より要約）

仏陀と霊魂　無記と輪廻転生

「だれか、ある人がいて、心が長い間信仰によって修養され、戒律によって修養され、聴聞によって修養され、施与によって修養され、智慧によって修養されていたとする。実にその人の身体は物質的形態をとり、四元素から成り、父母から生まれ、飯と粥《かゆ》との集積であって、無常、衰退、消耗、壊滅、消散の性質をもつものである。それをこの世で烏が食べ、鷲が食べ、禿鷹が食べ、犬が食べ、ジャッカルが食べ、そしてさまざまな生物が食べるのであるが、しかし、長い間、信仰や戒律、聴聞、施与、智慧によって修養されたその人の心は上昇し、すぐれた所に赴くのである」

（『原始仏典サンユッタ・ニカーヤ』より要約）

　これが仏陀の上天論といわれる説法である。これをもとに中国及び日本の浄土思想が発達した。これは特に仏陀独自の思想ではない。キリスト教にもイスラム教にも、善人は天国に行くという思想がある。天国も浄土も多少のちがいはあっても、似たようなものであろう。問題は浄土宗では阿弥陀如来という架空の仏をたてている点である。さらに阿弥陀の誓願というような教説ができている。そうするとその教説の是非が議論される。枝葉末節にこだわり、迷路に入りこみ、本来の教えがわからなくなるのである。そのような一つの例をあげる。

無我

「今の世は来世に生れ変る為の生ではない。今の今こそが全てである」

（道元「正法眼蔵―行持の巻」より要約）

次のような説を述べている禅僧・公案学者もいる。

仏陀は一般民衆には上天論を説いたが、出家した修行者には無我を説いた。無我とは何か。我とは諸因縁の仮合（いわば素材の寄せ集め）であって死ねばバラバラになる。これが専門の修行者に対する教えである。従って上天論は一般民衆に善行を為さしめる為の方便であり、仏陀の教えは一般向きと専門向きのダブルスタンダードである。

この説だと仏陀は悪い言葉を使えば、一般民衆をダマしたことになる。これは禅の教えを極端化してしまったことによる誤解である。

（註1、引用した道元の言葉は肉体をもって来世に生まれ変わることを否定したもの。

註2、公案とは、参禅者に、悟りを開かせる為に与える難問。これもハマると遊戯的となる）

無我とは仏教の根本原理であり、当然に仏陀が説いたのだが、わかりやすくいえば我執の否定である。現代風にいえばエゴイズムの否定である。しかし宗教としてよりも、学問としての仏教が進行してゆくと本来の教えとはまるで別な顛倒したものになる。素朴な理解、その上を行く高度な理解、さらにその上を行く深遠な理解というふうに。この学問仏教は理談仏教とか、戯《け》論といわれている。

本来の無我

「自我ないし我を『それ自身で存在するもの』すなわち『実体』もしくは『本体』ととらえ、無我はそのような実体的な自我ないし我の否定とする説が生まれてくる。このような新しい解釈は仏陀から百年〜二百年以上へだてた、中期仏教の部派仏教においてようやく兆《きざ》しはじめて、ここに至って『無我は実体の否定』という説が立てられるようになる」

（中村元『バウッダ「佛教」』より要約）

「しかしこのような実体としての無我は、現在ほとんどの仏教解説書に氾濫《はんいつ》しているけれども、前述したとおり、阿含経からは、かなり離反しており、阿含経に説かれる無我に関する限り、とくにその原初形は、反復して強調すれば、『執着の否定としての無我』あるいは、『無我とは、とらわれのないこと』と解さなくてはならぬ」（前同）

これが仏教研究の世界的権威の中村元博士の解釈である。これによれば公案学者某氏の説は誤解であり、仏陀の容疑は晴れたのである。もっとも、我執、エゴイズムの否定などというのは、云うは易く、行うのは難しい。生きているのはミニマム（最小限）でも、我執、エゴイズムは必要だから。無我は誤解を招きやすい教説なのだ。

ダライ・ラマ十四世の著書にこのような内容の記事がのっていた。

仏教に入門したばかりの若い僧が、無我という説を聞いて、「今、ここに、現実に生きているこの私が《無い?!》」というふうに誤解し、大いに動揺した。そして恐怖のあまり、ガタガタとふるえだした。彼がショック死しなかったのは幸いだった。その後、ダライ・ラマ十四世は懇切丁寧に無我について説いて聞かせたのであった。

（現代では、一部の仏教学者は、誤解を防ぐ為に無我ではなく、非我という言い方をしている）

無記

羯諦《ギャーティ》羯諦《ギャーティ》波羅羯諦《ハーラーギャーティ》波羅僧羯諦《ハーラーソーギャーティ》菩提《ボディ》薩婆訶《ソワカ》
(行けよ、行けよ、ひたすら行けよ、行けば至らん悟りの国に、幸いあれ)
(般若心経真言)

「これに付け加えれば、〈寄り道するな!〉」

どこの国、いつの時代でも同じだが、一般の庶民は生活に追われて、日常生活に必要なこと以外は考えないものである。しかし学生は生活の心配がないから、いろいろと余計なことを考える。仏陀の弟子マールンクヤが、ある時、そんな余計なこと、哲学でいう形而上的質問をした。仏陀は懇切丁寧に答えた。

「お前の質問は毒矢に射られた人が、その矢を抜きとる前に、その矢を射た人のカースト、姓名、身長、肌の色、住居を聞くようなものだ。またその弓のつる、矢柄、矢羽根を問い調べようとしているようなものだ。早く矢を抜かなければ、矢を射られた人は、毒にあたって死んでしまうだろう。私が教えるのは、一刻も早く矢を抜きとることだ」（原文大意）

これがいわゆる毒矢の喩えである。この種の仏陀の回答はまとめて「無記」とよばれている。阿含経ではこれらの質問をまとめて、十種の難問（十難）としている。

（一）世界は常住（世界は時間的に無限）
（二）世界は無常（世界は時間的に有限）
（三）世界は有辺（世界は空間的に有限）
（四）世界は無辺（世界は空間的に無限）
（五）身体と霊魂は同一
（六）身体と霊魂は別異
（七）如来（真理達成者）は死後に生存する。

（八）如来は死後に生存しない。
（九）如来は死後に生存し、生存しない。
（十）如来は死後に生存するのでもなく、生存しないのでもない。

（前同）

右のような質問に対して仏陀は終始一貫して沈黙していた。これが仏陀のいわゆる「無記」である。（五）と（六）は霊魂の存在についての問題だ。これも修行者の間でよく疑問とされていたのであろう。仏陀は霊魂の有無、存在については、無記としていたのだ。見たこともなく、「ほんとうにあるのですか」という質問も多かったのだろうか。

この無記そのものについては、忠実な従者のアーナンダに次のようにその理由を語っている。

「無記のものは、無記のまま、無記として了解せよ。無記であるものは、目的にかなわず、浄らかな修行の基盤とならず、世俗的なものを厭い離れること、煩悩を制し滅すること、心の平安、正しい悟り、ニルヴァーナ（涅槃《ねはん》）の為にならないからである」

この無記の教えは守られただろうか。仏陀の死後、仏陀の説法を記録したとされる阿含経の他に多くの大乗仏典が作られた。

そしてその経典を信奉する人達の間で論争が行われた。いわゆる宗論であり、教相判釈である。しかし果たして決着はついただろうか。議論は観念語で行われたのであろうが、観念語の内容は各人各自必ずしも同一ではない。従って際限もなく、果てしのない不毛の議論に終わるのがオチである。

これは儒学でも同様で、朱子学の大成者朱子は理屈屋のツワモノだったようで、「朱子の力業に一度ハマるとスリルと興奮で出てこられなくなる」（小倉紀蔵『入門朱子学と陽明学』より要約）ようなのだ。

形而上的観念論は、人間の持つ一種の嗜好であり、さらにいえば病気かも知れない。

ヨーロッパではスコラ哲学は煩瑣《はんさ》哲学ともいわれる迷路のようなものらしい。

ロシアの作家ドストエフスキーは、無神論的超人思想にのめりこみ、殺人をおかし、シベリア流刑になった。そしてその思想を「言葉遊び」といい、その愛読者だったヴィトゲンシュタインは「言語ゲーム」という思想に到達した。結局、仏陀の「無記」は一度ハマると出られなくなる迷路への進入禁止の交通標識のようなものではなかろうか。さて、マールンクヤがひたすらこの無記の教えを守り、まっすぐ修行に精進してゆくと、どうなるだろうか。

おそらく修行が成就すると人格変換が起こり、霊界も霊魂の存在も自然にわかるのではなかろうか。学知でなく行知による了解である。結局、成長、成熟による自己了解しかない。だが、修行などしなくても、現実を正しく生きぬくことによっても、同様の了解に到達するだろう、と私は思っている。

輪廻転生

（一）「沈んで行くがいつも同じ太陽だ」「七十五にもなると」とゲーテはそれから非常に晴れやかに言い続けた。「時おり死について考えずにはいられない。死を考えても私はきわめて平静でいられる。というのは、われわれの精神は、全く破壊されない性質のものだ、ということを私は確信しているからである。それは永遠から永遠へ働き続けるものだ。まさに太陽にも似ている。われわれの肉眼にだけ沈んで行くように見えるが、実際は決して没することなく、絶えず輝き続けているのだ」

（一八二四年五月二日）

（二）「不死の思想にかまけるのは、上流の人々や、特に女達や用のない人のすることだ。これにひきかえ、現世でいっぱし立派なものになろうと考え、従って毎日奮闘努力活動せねばならぬ有為な人は、来世は来世にまかせ、現世で働き有用であろうとする。それからまた、不死の思想は、現在の幸福をとり逃した人の考えることである」

（一八二四年二月二五日）

（三）「死後の生の確信は私にあっては、活動の観念の中から生じてくる。なぜというに、もし私が終生休みなく活動するとしたら、今の存在の形式が私の精神をもはや維持できなくなった場合、自然は私に存在の他の形式を指定する義務がある。

（一八二九年二月四日）

（エッカーマン『ゲーテとの対話』より要約）

日本で輪廻転生というのは、もとはインドのサンサーラという言葉で、ぐるぐる回る、という意味である。それに精霊がついて回るという思想が加わり、輪廻転生という訳語が定着した。これは、世界は円環構造をしているという世界観が基本である。一方ではキリスト教のように天地創造で世界が始まり、最後の審判で世界が終わる、という直線的世界観がある。これに対し、円環構造の世界観では、世界の始まりもなく、終わりもない、ということになる。宇宙の事物を見てみると、円環構造をしているものが多い。原子は、原子核の周りを電子が回っている。ＤＮＡもぐるぐる回っている（二重螺旋構造）。地球も太陽の周囲を回っている。地球自体も回っている。太陽系の属する銀河系星雲も、お隣りのアンドロメダ大星雲も、渦巻状でぐるぐる回っている。

　また植物を観察すると、種をまくと、芽が出て、茎が伸び、葉が出て、花が咲き実がなる。その実を土にまくとまた芽が出る。これも一種の〈時間的〉なサンサーラである。くり返すがサンサーラ、日本でいう輪廻転生というのは、世界の円環構造である。付言すると、人間はどうもぐるぐる回る球にひかれる性質を持っているらしい。野球、サッカー、バレーボール、バスケットボール、ゴルフ、ピンポンなど多くのスポーツの中心にあるのは、何故かぐるぐる回るボールである。このサンサーラ世界観を古代の神話伝説は大いにとり入れた。人間が動物や植物になったり、その反対に動物や植物が人間になったりする。さらに人が天上に昇って星になったり〈織姫、彦星、オリオン〉、怪獣になったりする。真実は問う所ではない。面白いからとり入れたのである。これは現代でも同じで、ＳＦ（空想科学）映画やコミックでも、奇想天外なストーリーが展開される。

これは原始宗教にとり入れられたが、現実には真実とは思われていない。ただ一部残っているのは作業仮説（ある目的の為に手段としてたてられた説）としての輪廻転生である。つまり、善行をほどこし、功徳を積むと、豊かで幸福な家に、もう一度生まれ、悪業にふけり人を苦しめると、貧しく不幸な家に生まれるというような、これは南伝仏教の国で信じられているらしい。

現在日本でも一部のあやしげな宗教家が説くのは、一度死んだ人間が再びこの世に生まれるという転生説と、現在生きている人間が、過去にこの世で生きていた、という前世説である。この二つの説は一対（ペア）になっている。日本で輪廻転生というとこれをさしているらしい。これは原始宗教由来の空想、メルヘンであり、残滓《ざんし》である。それが未だに残る原因は、人間の不死への欲求である。人間は死にたくない、不死でありたい、という欲求がある。しかしそれは叶わぬ夢だ。そこで何度でもこの世に生まれるという転生説にとびつくのではないか。こんな説に惑わされてはならぬ。

輪廻転生を再びこの世に生まれるとする説は正統的な仏教の思想家である道元も否定している。

「かの霊魂は、この身が滅するとき、もぬけて他に生れる。いまここに滅すると見えても、他に生れるのであって、永く滅することはなく不滅だ」というのである。かの先尼外道〈セニカというバラモン僧〉の見解はこのようなものである。このような見解を学んで、これを仏法だと思うならば、瓦礫を握って金銀の宝と思うよりなお愚かである。

（道元『正法眼蔵―弁道話』より要約）

日本画の大家横山大観に「生々流転」と題する長巻がある。これは、雨―河水―霧―雲―雨という変容をえがいたもので、これは自然の輪廻と転生（別なものになる）が示されている。古代インドの哲学者もこのような自然現象を見て、サンサーラ（輪廻転生）を思いついたのではなかろうか。

前世説はどうか

探検家や宣教師の語るところでは、未開人の中には、自分達の子供は、死者が戻ってきたのだと考える素朴な種族がいるという。

エスキモーは新生児に対し、最近死んだ者達の名を与えるし、キングスレーによれば、ある種の黒人は、赤ん坊の手の届く所へ、最近死んだ肉親の、持ち物を置く習慣がある、という。もし幼児がそれに手を伸ばすと、皆は、『ほら、ほら、爺様が自分のパイプを見つけた』と叫ぶのである。私は、この話を読むといつも愉快になる。人々はエスキモーやアフリカ人の話だというが、実はこういう習慣は、我々の社会の習慣ではないか。

サルトルは『マラルメ論』で、右のように述べている。

新生児が、亡くなった親族のたれかれに似ていることは不思議でもなんでもない。

それは遺伝なのだ。未開人は遺伝ということを知らないから、生まれ変わり、ということを思いついた、と推測される。ということで、前世説も疑わしいのである。

仏教では六道輪廻といって、地獄、餓鬼、畜生、修羅（戦いの神）、人間、天上の世界を、生まれ変わり死に変わる、という教説がある。しかし近代では、六つの境界（キョウカイというと、さかい、区域という意味、キョウガイと読むと仏教でその人の受ける果報）とはつまり精神状態で、その六つの心の状態というふうに解釈されている。これなら私にもよくわかる。私にもおぼえがある。

霊肉問答

「ああ、おれの胸には二つの魂が住んでいて、これが互いに離れたがっている。

一方のやつは逞しい愛欲に燃え、絡みつく官能をもって現世に執着する。他のものは無理にも塵の世を離れて崇高な先人の霊界へ昇ってゆく」

（ゲーテ『ファウスト』より要約）

人間は霊魂と肉体の共生体である、と私は思うのだが、その共生の歴史は比較的短く、その為新婚ほやほやの夫婦のように、しっくりいっていないのである。その為に様々な問題、葛藤が起こる。その問題を解決する為に、そのヒントとして、禅の公案を幾つか解明してみる。勿論、私なりの解明である。

趙州狗子仏性

趙州和尚、因《ちな》みに、僧問う「狗子（犬）に還《かえ》りて、仏性有りや、また無しや」。州云《いわ》く「無し」「一切衆生、皆、仏性有りと。狗子なんとしてか、かえって無なる」。州いわく「彼に業識の有る在りが為なり」。
またある僧が問う。
「狗子に還りて仏性有りや、また無しや」と。
趙州が答えた。「有り」。
僧云く、「既に有り、なんとしてか却《かえ》ってその皮袋に撞《とう》入するや」
趙州が云う。
「かれの知りて、故《ことさ》らに犯《おか》すが為なり」。

二人の僧侶に対する趙州の答は、ちがっている。しかしそれでいいのだ。禅の師家の答は、表面的な意味に対する答ではなく、その問う者のかかえている問題に切りこむ、対症療法的な答なのである。

仏陀は対機説法といって、問題の中身や、相手の機根に応じた説法をした。応病与薬ともいう。決して通り一遍、杓子定規の答ではない。これが仏教の伝統である。

そういうことで、犬は勿論、その僧の聞きたいことの題材としてとりあげているので、犬そのもののことを聞きたいのではない。

自分のかかえている疑問について聞きたいのである。それを見ぬき、適切な解答をするのが禅の師家の力量である。

最初の僧の問いはどうか。

犬というのは気楽な稼業である。えさを食べ飼主と散歩する他は、昼寝ばかりしている。犬にも仏性があるなら、つらい修行や、しちめんどくさいお経など学ばなくてもいいのではないか。これは最初の僧の本音である。

趙州は「ダメだ、犬など手本になるか、しっかり修行せい」というのが「無」の一字であらわされている。伝法な言い方をすれば、「アルワケネエダロウガ!!」というところだ。

この僧はふだんから怠け者だったのだろう。ついでに、業識とは今でいえば遺伝である。

次の問答はどうか。

犬というのは、あさましい生き物である。昼日中、人がいても交尾する。お母さん達は、子供達に見せまいとして、棒でたたいたり、水をぶっかけたりする。勿論、人間も動物だから、犬的な部分を持っている。

フランツ・カフカに『変身』という小説がある。主人公グレゴール・ザムザは、朝、目がさめてみると自分が大きな虫になっているのに気がつく。〈起きようとしてもどうしても起きられない〉。到頭、家人に見つかって捨てられてしまった。カフカはここで自分を捨てている。僧侶のほうは趙州によって救われた。

僧侶は、「犬にも仏性があるなら、何故、犬の皮袋につきこまれてしまったのですか」と訊ねた。趙州は答えた。「かれ（犬ではなく、その僧侶）の知りて、ことさらに犯す故なり（ワカッテハイルケド、ヤメラレナイダケダヨ）」。

この僧は女犯の妄想に日頃、悩まされていたのであろう。それで自分には、仏性が無いのではないか、と悩んでいたのだ。

趙州は、「〈仏性があるから悩むのだ、犬は悩まない〉、若い時には誰にでもあることだ。くよくよするな」とはげましたのだ。ちなみに趙州禅師は六十歳で発心し、八十歳で大悟した晩成の傑僧である。俗世間の事情にも明るかったのだ。こんな話がある。

ある大官が趙州に訊ねた。

「和尚様でも地獄におちることがありますか」

「おちるよ。わしなんぞ真っ先におちる」

「それはまたどうしてですか」

「わしが地獄におちなんだら、お前を救えないじゃないか」

お前は地獄におちる。お前を救う為に、わしは地獄におちる、という意味である。

これを聞いて、この大官が怒ったか、笑ったか、は記録されていない。

ただ、「地獄に仏」という言葉があるが、趙州も一度は地獄におちたことがあるのだ。その辛酸の経験によって〈口唇皮《くしんぴ》上に光を放つ〉といわれた禅機を得たのである。

倩《せん》女離魂

唐の「離魂記」という伝奇小説に、倩女離魂の話がのっている。衡陽の町に張鑑という男がいたが、その娘の倩女は評判の美しい娘だった。張鑑は、科挙に合格した将来有望な青年を倩女の夫に選んだ。ところが、彼女の従兄に王宙という青年がいた。二人が幼い頃、張鑑が「大きくなったら、きっと似合いの夫婦になるだろう」と冗談で云っていたのを、二人とも真に受けて、そのつもりで許嫁《いいなずけ》の間柄と思いこんでいた。ところが倩女の縁談を聞いた王宙は快々《おうおう》として楽まず、倩女には何も云わず、衡陽の町を去った。

ところがこれを聞いた倩女は家を出て王宙を追い蜀の国に行って夫婦となり、五年の間に二人の子供をもうけた。倩女は故郷の恋しさもあり、親の許しも得ないで旅立ったこともあり、一度衡陽に帰りたいと望んだ。

そこで王宙は倩女と共に蜀の国を出発し、衡陽の舟着き場についた。王宙は、まずは張鑑の許しを得てからと思い、倩女と二人の子供を舟着き場に残し、張鑑を訊ねて二人の出奔《しゅっぽん》を詫びた。ところが張鑑は不思議そうな顔をした。倩女は五年前から病気で寝たきりで、この家にいるという。あまり奇妙な話なので、張鑑は奥の間で寝ていた倩女に話した。三人は舟着き場に向かった。舟着場には蜀から帰った倩女がいた。父親の張鑑と来た倩女は彼女に近づくと、二人の倩女はピタリと一人の倩女になった……。これが怪談のあらすじで、この怪談は中国の多くの書物にのっているそうだ。

禅の公案は二人のうち、いずれの倩女が、ほんものの倩女か、という問である。

このような怪談には真相がある筈で、そのような真相の根底には驚嘆、不思議があり、これに様々の尾ひれがつき、バリエーションがつくられ、伝播してゆくと考えられる。

当事者が感動してくり返し語り、その話題を生涯にわたって話すといわゆる一つ話となる。それが広く伝播《でんぱ》してゆくものである。

その驚嘆、不思議とはどんなものだったろうか。

以下、私なりの真相究明である。

まず王宙は添いとげることができず、倩女のいる土地にいることに耐えられず、旅に出た。それを聞いて倩女は沈みこんでしまった。

食事ものどを通らず、寝こんでしまい、日々やせ細ってゆくばかりである。医者に見せたが、医者も手の施しようがない。

「お医者様でも草津の湯でも、惚れた病は治りゃせぬ」という唄のある通りである。

青ざめて、ゲッソリして、明日にも危篤になるのではないか、と思われるほど、衰弱してしまった。これを見てさすがの張鑑も考えこんでしまった。妻に相談し、「ここまで娘が王宙を慕うのなら、王宙と添わせてやろうか」と提案した。妻もうなずいた。そこで張鑑は娘の枕許に行って「そこまでお前が王宙を慕うのなら、お父さんも根負けした。王宙と添うがいい。風の便りでは蜀の国にいるというから、人をやって捜させることにしよう」と云った。倩女はこれを聞くなり、眼を輝かせ、急に床の上から起きて「お父さん、ありがとう、私、行くわ」とつっと立ち上がって台所に行くと、ありあわせの菜で、それまで食欲がなかったのに、大量の飯をかきこむようにして食べ、その夜はぐっすりと寝こんだ。翌朝、旅支度を調えると、路銀を懐《ふところ》にし、脱兎の如く家を出て、宙を飛ぶように蜀の方向に向かっていった。張鑑は、やれやれ、あの体では蜀の国まで行って王宙に会えればいいが、途中で野たれ死にしてしまうのではないか、と案じながら見送った……。

ところが五年後、倩女は王宙と二人の子供をつれて帰ってきた。見違えるほど丈夫になって（やせおとろえて死ぬばかりかと思われた倩女、丈夫そうで、二人の子供をつれて帰って来た倩女、これはほとんど別人のようだ、この激変に張鑑は驚嘆した。これが怪談の骨子だ）。張鑑はまずは縁談のあった科挙合格の有望青年に事情を話して詫びたにちがいない。少しは詰《なじ》られたかも知れず、気まずい思いをしたかも知れない。しかし程なく済んだろう。ふられたことを、いつまでもこだわるのは野暮な話だ。ただ張鑑が、その後、おそらく何度も話したであろうと思われるのは、蜀へ行く前の青白くやせ衰えた倩女と蜀から帰ってきた丈夫そうな元気な倩女の変りようだ。ほとんど別人のようだった……それが、いつの間にか、別人、二人だったに変ってしまった。そのほうが面白いからだ……。

人間は霊肉、あるいは心身が一体であり、それが阻害されると病気になる。昔は病《やま》いは気から、と云った。現代医学では心身相関を認めている。願力とか念力とかが思いがけない力を発揮することもある。一念岩をも通す、ともいうし、信仰治療によって奇蹟的治癒が起こることもある。そういうことで、この禅の公案のどちらがほんとうの倩女か、などという問いにひっかかってはならない。人間は、本来、火（霊）と土（体）という二つの合体したものであるとしても、分離は死の道、一体が生の道なのである。

惚れて通えば千里も一里
信州信濃《しなの》の蕎麦《そば》よりも
妾《あたしゃ》あなたの側《そば》がいい

婆子焼庵

ある老婆が一人の修行僧を世話して、数年間の時日が過ぎた。その間いつも美しい少女に食事その他の世話をさせていた。ある日、機は熟したかと見たか、老婆は少女に、修行僧に抱きついて、誘惑するようにと云いつけた。少女は云われた通り、抱きついて、「私をどうにでもして」と云い、艶然とほほえんだ。僧は答えた。「枯木寒巌に倚って三冬暖気なし」。枯れた木が冷い巌に立つようなもの、長い冬のように私の心は燃えないと冷たくつき放したのである。少女はこの答を老婆に告げた。老婆は怒り出した。「私はこんな俗物を数年間も世話してきたのか！」。そういってその僧を追い出し、庵も焼いてしまった。

さて、この公案は、抱きついた老婆にどう対処したらよかったのか、ということである。あれ、変だな、抱きついたのは、少女ではないのか。思うに、少女は身代わりで、老婆は若い頃、青年僧に恋して、ひじ鉄砲をくらわされ、たとえ男女の間柄にはならなくても、女心のわかる、情深い、人の悩み苦しみに手をさしのべる僧を育成しようとしたのである。自分さえ戒律堅固であればいいのではない。庵を焼いたのは老婆の昔の恋の炎だ。八百屋お七の物語など思い出される。

（八百屋の娘お七は、火事の時、お寺に避難した。そこで若者を見染め、火事になればまた会えると思って放火した。火は折からの強風にあおられて大火となった。後に鈴ヶ森で火刑に処せられた。こうなると愛は滅びの焔ではないか）

宗教で性は何故タブーとなったか

人間は有性生殖をする。性と生殖は別物である。性は男女の交わりであり、生殖は子孫を増やす方法なのだ（現代では人工的に生殖が可能となっている）。一方、生物には、性によらない、無性生殖を行う種もある。それで性生殖という言葉を使うことにする。

個人の生命には限界があり、死で終わるが、子孫を残せば子孫は無限に拡大する。従って、性生殖はエゴイズム拡大の強力な手段となり得る。作家のトルストイは、若い頃は遊蕩児で、晩年になって禁欲主義を説いた。そして夫人との間に十五、六人の子をつくった。今では子孫が殖えて八百人にもなっているそうだ。一方ではその反対も起こりうる。中世には族滅ということを行う国があった。たとえばある君主に一人の家臣が反逆すると、その者だけではなく、その親族血縁の者を、数十人でも数百人でも皆殺しにした。いわゆる根絶やしにしたのである。一人でも残れば、その者が、あるいはその者が子孫を殖やして集団をつくり反逆する可能性があるからだ。これは性生殖に注目した、徹底的な他者否定である（裏返しのエゴイズムでもある）。

一方、仏教の慈悲、キリスト教の博愛、儒教の仁、イスラム教の寛容は、多少のニュアンスの差があるとしても、四捨五入すれば他者に対して情深くすることではないか。それぞれの信者は苦情をいうかも知れず、学者は異論を唱えるだろうが、これは霊魂から発するもので、私は一言で言えば、霊性だと思っている。この霊性と性生殖は相反するのではないか。くわしく云えば、慈悲、博愛、仁、寛容の徳と、徹底的なエゴ拡大と他者否定の原因になりうる性生殖は両立しないのではないか。

仏陀の初期の自然発生的なビク（修行者）の集団、イエスのいわゆる使徒達には姦淫に対する戒律があったようだが、その共通の理由は、霊性と性生殖の相反ではないか（禁欲の戒律の個人的な契機は、仏陀の場合はヤスダラ妃と側室との間の嫉妬確執である。イエスの場合は出生の謎である）。

とはいえ、男女が求めあうのは自然である。

そこで宗教家、聖職者の愛欲のトラブルが問題となる。親鸞は愛欲の問題で悩み、妻帯を決行した。現代では、（日本では）僧侶の妻帯は普通のこととなっている。キリスト教については詳しくは知らないが、中世までは、聖職者は禁欲を強いられていたが、トラブルも多かったようである。カトリックの神父は独身でプロテスタントの牧師は妻帯するというが詳しくは知らない。

宗教家の愛欲の問題は現代では一段落したようである。

そこで、我々一般大衆はどうか。人間は霊魂と肉体の結合物である以上、どちらか一方を完全にシャットアウト（完全に封じこめる）は難しく、適当な所で折り合いをつけねばならない。とはいえ、人の性格は様々で、相手も千差万別だから、愛欲の問題は無限のバリエーションが生ずる可能性がある。

結局、一般解はなく、各人各様の個別解しかないのではないか。しかも当然に自己責任である。

宗教家の戒律はある意味で自然にそむいているので、様々なトラブルとエピソードが生まれた。我が国では奇僧一休宗純と盲目の森女の赤裸々な愛欲模様は詩文に残されている。

良寛と親子ほど年のちがう貞心尼の間柄は、プラトニッククラブだったようである。

西洋ではアベラールとエロイーズの物語は、往復書簡集が残されているが、二人の交情のドラマは深い同情を集めている。

以下、その梗概。

ピエール・アベラールは十二世紀のフランスの大哲学者であり、神学者である。ノートルダム大聖堂での、彼の講義には、ヨーロッパ中の学生が集るほど、人気が高かった。エロイーズは司教フェルベールの姪で、青い瞳の美しい娘だった。彼女はアベラールの講義を聞くうち、恋仲になってしまった。アベラール三十九歳、エロイーズ十七歳のときである。エロイーズはやがて身ごもり、男の子を生んだ。これを知ったフェルベールは怒り、数人の男にアベラールをおそわせ、去勢手術をしてしまった。アベラールはこの不幸な事件の後、修道士となり神への愛に救いを求めた。そしてエロイーズにも修道院に入り、信仰の道に生きることをすすめた。二人は別れ別れになったが、エロイーズは、アベラールに情熱的に、時として官能的に愛を求め、愛を訴える手紙を送り続けた。アベラールは、その愛の求めには応えず、ひたすら神への愛、信仰への道をすすめた。この二人のかわした書簡集とアベラールの自伝『わが不幸の物語』が残っている。アベラールは六十三歳でなくなり、エロイーズはその後二十二年もの間アベラールの墓を守り続けた。現在では、二人はパリのペール・ラシューズ墓地に葬られ、世界中の人々がそこを訪れて二人の墓前に花束を捧げている。

また恋人同士が永遠の愛を誓う場所にもなっているそうである。

「愛からなされることは、すべて善悪の彼岸でおきている。そこは善悪の判断や道徳を完全に超越した場所のことである。だから愛の行いは一切の価値判断や解釈が及ばないのだ」

（ニーチェ『善悪の彼岸』より要約）

ドストエフスキーと霊魂

最高の理念なしには、人間も国家も存在できない。そして地上における最高の理念とは、唯一、人間の不滅をめぐる理念である――。人類愛は人間の霊魂不滅の信仰をともなったものでなければ、とうてい考えられず、理解されず、全く不可能なのだ。みずからの不死に対する確信がなければ、その人間と大地との絆は絶たれてしまう——。要するに不死の理念は生命そのものであり、生きた生活なのだ。

（ドストエフスキー『作家の日記』より要約）

作家のドストエフスキーは、霊魂が見えたらしく、作品中にしばしば霊魂があらわれているが、現実生活でも時々霊魂に遭遇していたようで、アンナ夫人の回想録にこんな一節がある。

或る日、ドレスデンの領事館で書記と話しているうちに、烈しい口論となった。ドストエフスキーは、ドイツ語はよく読めたが、話すのは下手だった。ところが逆上すると別人の如く流暢にドイツ語で捲《まく》したてることができた。すると口論の最中に、突然ドアをあけて死んだ兄の幽霊が入ってきたので、けんかは、それきりになってしまった——。

（アンナ・ドストエフスカヤ『回想のドストエフスキー』より要約）

『白痴』――ラップ音と砧《きぬた》

『白痴』の主人公ムイシュキン公爵は純真無垢な、気高い心の持ち主であるが、頭脳を病んでいる。それがこの題名の由来である。

副主人公ラゴージンは粗野ではあるが、愛すべきならず者である。二人は兄弟のように仲がいい。この二人にからむ女主人公ナスターシャ・フィリッポヴーナは美貌ではあるが、不幸な生い立ちをした為に、傲慢でヒステリックで気まぐれな女性である。彼女は世の中を滅茶苦茶にひっかきまわす魔女的存在である。二人は彼女を愛し救おうとするが、二人共彼女を救えない。彼女は救い難い絶望者なのだ。彼女は二人の間を行きつ戻りつし、すったもんだしたあげく、ラゴージンが彼女を殺してしまう（死なせてやる）。それはラゴージンと公爵の共犯のようでもある。

その死後、奇妙な現象が起こるのだが、それを解説する。以下、筆者の要約。

まずは寝台に横たわる死んだナスターシャの描写。

「寝台の上には、だれかがひっそり静まりかえって寝ている。きぬずれの音、息づかい、そんなものは少しも聞こえなかった。眠れる人は頭から白い敷布をかぶっていたが、手足はぼんやりとしか見わけがつかない。ただ寝台の上が高くなっているので、人が身を伸ばして寝ているということだけがわかった。

寝台の上にも足もとにも、あたり一面ぬぎすてた衣装——ぜいたくな白い絹の服や、造花や、リボンなどがだらしなく散らかっている。足もとのほうの小テーブルには、はずしたまま投げ散らしたダイヤモンドの装身具がきらきらと輝いていた。足もとには何かレースらしいものが、ひとかたまりにして引きちぎってあったが、その白く浮いているレースの上には、敷布の下からのぞいていたあらわな足の先が見わけられた。それは大理石でつくられたように見えた。

そして、恐ろしいほどじっと動かなかった。公爵は見つめていたが、見つめれば見つめるほど、部屋の中はいよいよ死んだように静けさを増すのを感じた。と、急に一匹の蠅が目をさまして、ぶんと寝台の上を飛びすぎると、そのまま枕もとのあたりで羽音をおさめた。公爵は身震いした。『出よう』とラゴージンが彼の手にさわった」

　この数頁あとに奇妙な描写がある。

「『ちょっと聞こえるかい？』と急にラゴージンはさえぎって、おびえたように床の上に中腰になった。『聞こえるかい』。

『いや！』。公爵は相手の顔を見ながら同じく早口におびえたような声でいった。

『歩いている！　聞こえるだろう？　広間を』二人は耳を澄まし始めた。

『聞こえる』。公爵はしっかりとささやいた。

『歩いている？』

『歩いている』

『戸を閉めようか。どうする』

『閉めな』。戸は閉められた。二人はふたたび横になった。そして長いこと黙っていた」

「歩いている」のはどうやら死んだナスターシャらしい。殺されたのに、うらんでいるようにも見えないのは、彼女自身、自分をもてあまして死にたがっていたのかも知れない。

（ナスターシャという名は、アナスタシャの略で、死と復活を意味する）

ドストエフスキーは、おそらくこのような「足音」を何度か聞いていたのでこのように表現したのだろうが、これはドストエフスキーのまちがいで、何故なら幽霊には足がない。足音をたてる筈はないのである。

これはラップ音といって、幽霊が、「私、来たわよ」とか、「私、ここにいるわ」と知らせる音である。この音は、硬い床の上を靴で歩いているような「コツコツコツ」とか、ドアをノックするような、「コンコンコン」とかいうような感じで、古来知られている。

以下この話になるが、その前にこの二人の結末について述べると、ラゴージンは逮捕され、公爵は譫《せん》妄状態（意識が朦朧《もうろう》とした状態）に陥って、もといたスイスの病院に送りかえされてしまうのである。

砧《きぬた》

ラップ音をテーマにした能の作品がある。世阿弥晩年の名作とされる『砧』である。あらすじは、筑前の国（今の福岡県）の芦屋の領主某は、訴訟を起こして京に上り、滞在して早や三年になる。某は侍女の夕霧に、今年の暮には必ず帰ると言伝てを託して帰郷させた。夕霧が某の言葉を伝えると、妻は夫を待つ辛さから、夕霧をなじり、打ちひしがれて泣きくずれた。そこへ砧の音が聞こえてきた。

砧とは、布地に艶や柔らかさを出す為に槌《つち》でたたくことだが、もとはその台のことである。中国の故事で、蘇武という武将が、匈奴に抑留されていた時、その妻が夫の帰りを願って砧を打つと、その願いが届いて、夫の蘇武が漢に帰国したという。某の妻はそれを思い出して砧を打った。しかし、その音には帰らぬ夫に対するうらみつらみがこもっていた。

そこへ夫から「今年の秋も戻れない」という手紙が届いた。妻はやせ衰え、病の床に伏し、ついに亡くなってしまった。帰国した某は、法要を営むと同時に、口寄せの巫女《みこ》に頼んで、亡き妻の霊をよびよせた。夫への妄執で妻の霊は地獄におちていた。彼女は、そこでも、夫の帰りを願うのではなく、うらみつらみの砧を打ち続けていた。救われざる悪業の姿である。夫の某の前にあらわれた狂える妻を、某は法華経を読誦して抱きしめた。妻の霊が成仏したのか、しないのか、それは観る者の判断にまかせられているようである。

蘇武の妻は夫の帰還を願って砧を打ち、夫は帰国したが、芦屋の某の妻は、うらみつらみで砧を打った為に願いが叶わず、地獄におちてしまった。心のこめ方によって天地のへだたりがある。これが世阿弥のメッセージだろうか。

蘇武の帰還

漢の蘇武の故事とは次のようなものである。漢の武帝はしきりに匈奴《きょうど》を討ち、使者が互いに往来したが、双方共、お互いの使者を抑留して返さなかった。新しい匈奴の単于《ぜんう》（王）が立つや和平がなり、抑留していた使者を送りかえすことになった。蘇武は匈奴に行き、抑留していた使者を送りかえす役を果たした。

ところが、副使の一人が匈奴内部の紛争にまきこまれてしまった。怒った単于は蘇武一行を殺そうとしたが、侍臣の諫言によって、一行を匈奴に仕えさせようとした。蘇武はこれを拒んで自決をはかった。しかし手当てによって一命をとりとめた。その後の脅迫にも屈せず、遂に穴倉に投ぜられ、飲食を断たれた。蘇武はそれでも意をひるがえさず、雪を食べて飢えをしのいだ。匈奴は遂に彼を神（偉人）なり、とし北海（バイカル湖）の無人の地に流し、生活の手段として羊を与えた。羊は盗賊に奪われ、蘇武は草を食べ、土を掘って野鼠を食べ、雪水を飲んで空腹をみたした。

漢の昭帝が立つや、たまたま蘇武の存命を知ったとして、その旨を匈奴の単于に伝えた。単于は驚いて蘇武を漢に帰した。

出発の時四十歳、匈奴に抑留されて十九年、遂に蘇武は漢に帰った。髪もひげも真っ白であった。漢では、蘇武は数々の栄誉を受けた。その後二十年のよわいを保ち、八十歳で没した。この蘇武が漢に帰ってから、実は北海附近にいた時、妻の打つ砧の音を聞いたという話をした。漢で打った砧の音が、北海まで聞こえる筈がない。これは蘇武の妻の霊が飛んでいって、「あなた、私よ、早く帰ってきてね。トントントン」とラップ音で伝えたのだろう。実際に聞こえるのはこのラップ音だけだが、何故か聞くほうでは、誰からか、わかるのである。この話が広まり、それ以降、中国では出征した兵士の妻が夫の帰還を願って砧を打つのが習慣となった。これを李白が詩にしている。

子夜呉歌　李白

長安　一片《ぺん》の月
万戸《ばんこ》　衣を擣《う》つの声
秋風《しゅうふう》　吹いて尽きず
総《す》べて是れ　玉関の情
何《いず》れの日か胡虜《こりょ》を平《たいら》げて
良人　遠征を　罷《や》めん

（玉関は玉門関の略で、出征した兵士の駐屯する砦）

間奏曲　世界苦と救済

ここまでは理論篇だが、この後、現実篇となる。とりあげたのは作家のドストエフスキーだが、彼と同じ一族について。

キルケゴールに『死に至る病』という一書があるが、その病とは絶望のことだ。だが、キルケゴールは死ななかった。著作と教会攻撃に打ち込んで生きぬいた。

ニーチェは「神の死」という現実に気がついた。牧師の子だっただけにショックだった。そして超人という思想にたどりついた。彼いわく「私を殺さぬものは、私を強くする」。しかし、自らは強くも超人となることもなく、晩年の十年間は、狂人となって精神病院で過した。時折り、素裸で病院を脱出して、街中を走り、医師や看護師とかくれんぼ遊びをしていた。ドストエフスキーは名作『罪と罰』を発表して名声を得たが、病的な賭博癖があり、生活は困難をきわめた。また癲癇《てんかん》という持病に苦しんだ（前記の二人にも重い持病があったが、それが何であったかは、二人とも独身であった為に、わかっていない。三人の持病は、思うに、彼らを個人苦に終始させず世界苦に参入させる為の肉の棘《とげ》だったのだろうか）。ドストエフスキーの癲癇は、ものすごい叫び声と共に発作がおきるのだが、本人は天国に行ったような恍惚状態だったらしい。それをいわば霊界と思い、彼の思想の根幹となった。その思想、霊の知らせ、（それは生者からのものと死者からのものとがある。つまり来世の存在を示している）霊肉の相剋である『罪と罰』の順で書いてみた。御一読ください。

神の愛《アガペ》と人間の愛《エロス》

『罪と罰』分析と批評

執筆まで

ドストエフスキーは27歳の時、処女作『貧しき人々』で作家として出発した。

その後、革命思想団体ペトラシェフスキー会に参加、官憲に逮捕され死刑の判決を受けた。処刑場で銃殺寸前、恩赦の知らせが届いた。実は皇帝の慈悲深さを示す為の茶番劇だった。この時の恐怖を、ドストエフスキーは何度も語っている。その後、シベリアに流刑。その地の監獄で、囚人達をつぶさに観察した経験が、後の大作家としての強靭なエネルギー源となった。8年後ペテルブルグに帰り、『罪と罰』を発表した。この作品は当時のロシアにおいて、一つの「事件」として、社会に深刻な衝撃をあたえた。ほぼ同時に似たような事件が起こったことも波紋を広げた。それは文学作品を超えて、二十世紀以降の予言書ともなっている。この小論の目的は、およそ三つの面を持っている『罪と罰』の一部分を中心に批評することにある。題名にあるとおり、この作品のテーマは、主人公ラスコリニコフが、社会的活動の資金を得る為に、しらみのような金貸しの老婆を殺し、金品を奪う。そして予審判事ポルフィーリイのきびしい追及を受ける。最後に自首するまでの息づまるような、スリルとサスペンスにみちた犯罪小説、推理小説である。また長いロマノフ朝皇帝の専制が続いたロシアの、首都ペテルブルグに流れこんできた人達の悲惨な姿をえがいた、社会小説、暗黒小説でもある。芥川龍之介は、「ドストエフスキーの小説（の、ある部分）は、悪魔をも憂鬱にさせる」と書いているが、それがどの部分かは書いていない。女主人公ソーニャの母親カテリーナが、結核が昂進して発狂し、子供達に何やらわけのわからぬ紛装をさせて、歌ったり踊ったりしながら街頭を物乞いに歩く場面は悪魔もやりきれないだろう。

　そしてまた主人公ラスコリニコフと女主人公ソーニャの高度な恋愛小説でもある。

　一方、副主人公スヴィドリガイロフは、ラスコリニコフのドッペルゲンガー（分身）であり、もっぱら肉欲を追求する。漁色家《ぎょしょくか》であり、その果ての死や来世観を表現する。この三人の葛藤のドラマを分析した。またドストエフスキーは夢や象徴を巧みに織りこむ詩人的作家でもあり、その意味の分析にも留意した。

そして、ドストエフスキーは革命団体に加わり、シベリア流刑の過去のある、札つきの、危険な作家だから、検閲も厳しかった。それで真意を隠した暗喩も多い。その意味も考えた。ラスコリニコフの母親プリヘーリヤ、妹ドゥーニャ、その婚約者ルージン、親友ラズーミヒン、ソーニャの父親マルメラードフ、母親カテリーナは、モデルがあったに相違なく、なつかしい感じさえするのだが、細叙するのは割愛した。

ただ、予審判事ポルフィーリイの不思議な心変わりと、証人として確保していたペンキ屋のミコールカについては多少書き加えた。

推理小説、社会小説という要素については省略したが、この小論を読んで興味を持たれた方は、是非、原作を読んでいただきたい。

叙述にあたって、注記のない部分は筆者が要約した。大意を抄訳した部分は「（大意抄訳）」とした。

また、作家の無意識を探り、あるいは深刻な内容を日常意識に戻す為にパロディ風の叙述も試みた。原文とは違うのではないか、という誤解を防ぐ為に（Ｐ）と表示した。

強者の特権と犯罪

ラスコリニコフは元大学生で学費が払えず学業を廃してしまった。だからといってアルバイトをするわけでもなく、彼の下宿の屋根裏部屋で終日ごろごろしている。本人は「考えごと」をしているというが、実は妄想だ。そして妄想が昂じて「強者は社会的に有為な事業の為ならば、道徳律を踏みこえてもよい」という反社会的な理論を作りだした。そしてその具体的な計画として「しらみのような金貸しの老婆を殺し、その金を奪い、事業の資金とする」ことを思いついた。そして計画を実行に移す為に、金貸しの老婆の家に下調べに行く。

質入れをして金を借り、老婆の部屋の状況を詳しく観察した。そして帰り道に、気晴らしに酒場に入った。

そこに一人の五十すぎくらいの、だらしない服装をした男がいて、そばに寄ってきた。ひどい酩酊状態だったが、ふだんの飲酒によって、むくんだような、はれぼったい顔をしていた。この男は店の亭主からも、居合せた客からも相手にされないようだった。

その男はラスコリニコフを話のわかる人と見込んだらしく、近寄ってきて、話し相手になって欲しい、と頼むのだった。そしてくどくどだらだらと、いわゆる酔っぱらいの、くだを巻く状態が続く。やがて彼の心につき刺さっている、最も痛い部分の懺悔となる。彼はマルメラードフという九等官吏だった。彼の妻カテリーナは、高等教育を受けた、いい身分の出身だった。そして歩兵将校と駆け落ちまでして結婚したのだが、子供を彼女に残して、亡くなってしまった。それで途方にくれていた。マルメラードフも娘ソーニャを残して妻に先立たれた、やもめだった。カテリーナはマルメラードフの求婚をやむをえず受け入れた。最初はマルメラードフもまじめに勤務していたが、地金の酒癖が出て役所をクビになった。そこで窮余の一策として、かつての上司に娘ソーニャを人身御供としてさし出し、再就職できたのだった。当初は、それなりに順調な家庭生活を送っていたが、良心の呵責に耐えかねたのか、酒癖がぶり返したのか、貰った給与を持ち出し、制服も質に入れ、へべれけになるまで飲んでいたのだった。もう五日も家に帰らず、酒びたりの日々だ。再就職の犠牲となった娘のソーニャは、その後、娼婦となって家から離れて生活していた。マルメラードフは酒代が足りず、ソーニャにも金をねだってきた。彼女はなけなしの金を、何にもいわず、黙ってわたしてくれた。その酒による泥酔なのだ。

　酔いどれたマルメラードフは、酔余の果て、自己処罰をもとめる。

「俺をふびんがる必要はない。磔《はりつけ》刑にすればいいのだ……。しかし一家の為に身を売ったけなげな娘はきっと神様に許され御国《みくに》に入るのだ……」

（この辺から呂律が回らず、あやしげな願いになる）

「神は万人を裁いて万人を許される。神は仰せになる。わが前に出るがいい。大酒飲みの意気地なし。恥知らずの豚よ！　汝らも来るがいい。すると智恵者や賢者が云う。何ゆえに彼等をお迎えなされますや。神は仰せられる、彼らは自らそれにあたいすると思わぬ故に。我々はひれ伏し、涙にくれる……神よ御国《みくに》をきたらせたまえ!!」。マルメラードフはここで力尽きてがっくりと首をたれて沈黙した。周囲からあざ笑い、罵《ののし》る声がわき起こった。「よう！　ひと理屈こねやがって！」「出たらめ並べやがるな！」。罵声がとび、嘲笑がわき起こった。

ラスコリニコフはこのマルメラードフの独白に一応の感銘を受けるのだが、実は神の救いもなければ、御国が来ることもないと確信しているのだ。

彼は、当時としては珍しくない、神の存在を信じないニヒリストなのだ。

このマルメラードフと娘の悲惨さが彼の危険な犯罪計画を実行に移す、拍車をかけることになる。

ラスコリニコフが自分の屋根裏部屋に帰ると、女中が母親の手紙を持ってきた。その手紙は年老いた母親らしく、綿々と長く、くどくどと、わかりづらいのだが、要点はラスコリニコフを憤激させた。それは誇り高く美しい妹のドゥーニャが兄に相談せずに婚約したのだ。そのうえ、妹のドゥーニャにも、婚約者のルージンにも、双方共に、愛情はない、というのだ。しかもその言い草がいやらしい。婚約者のルージンは「持参金など持たない、一度は貧乏暮らしをした娘をめとりたい、そのわけは、夫が自分の妻に恩をきないで、妻だけが、夫を自分の恩人と思うようでなくてはいけない」というのだ。まるで召使を雇うような結婚ではないか。そしてとどめの一撃がこれだ。

「学費を助けて貰いたい、という私達の深い望みについては、また打ち明けていないが、ドゥーニャの望みはきっと聴いてくれるでしょう」ということだ。ドゥーニャはつまり学費の為に好きでもないルージンにとつぐ、ということなのだ。また長い間、下宿の家賃を払っていないので、おかみさんが警察に訴え出るかも知れない、と女中に知らされた。

　幾つもの要因が重なって、せっぱつまったラスコリニコフは、どうしても犯行計画を実行しなければならぬ、と思いつめる。

　その夜、彼は一つの夢を見る。それはまた、ラスコリニコフが少年時代の夢だ。

「ラスコリニコフ少年が父親につれられて町はずれの酒場あたりを通ると、そこの周囲に大勢の酔っぱらいがたむろしていた。そこに一台の大きな荷馬車がとまっていた。ふつうは、しっかりした体格の大きな馬がついているのに、その荷馬車には、やせた小柄な雌馬がついていた。そこへ、ぐでんぐでんに酔っぱらった男どもが、どやどやと酒場から出てきた。その中の一人の男が『みんな乗っけてやらあ。乗んなされ。乗んなされ』とわめいた。酔っぱらいどもは次々に乗りこんできた。荷馬車の持ち主のミコールカは、『どんどん乗んなされ、馬車を飛ばしてみせるだ』とさらにわめいた。これを見て『やい、悪魔め、われは十字架を、持ってねえだか』と一人の老人が叫んだ。

『こげな馬にそげな重荷をひかせることがあるかや』ともう一人が叫んだ。

『てめえは馬をぶち殺す気だな』と三人目が叫んだ。『やかましいやい。おれのもんだ。したいようにするだよ』とミコールカは応じた。

　荷台の酔っぱらい共は歌い、口笛を吹き、楽器をかなで、楽しげに笑い、浮かれ騒いでいた。あわれな雌馬はよたよたと動くだけだった。業を煮やしたミコールカは、鞭をすてて棒でなぐり始めた。馬はあがくだけだった。さらに酔っぱらった若者達が荷台から飛び降りて、てんでに持った得物で馬をひっぱたき始めた。やがて馬は苦しげな太い息をついて死んでしまった……。

ラスコリニコフ少年は、もうわれを忘れて、ひと声叫ぶと、群集をかき分けて馬にかけより、すでに息の絶えた血塗れの首をかかえてその眼に、唇に接吻した。やがてふいにはね起きると、拳をかためてミコールカに飛びかかった」（大意抄訳）

この犯行前に見た夢は、全体を象徴する複合夢である。以下、分析してみよう。

①乱暴者ミコールカ＝ロシア皇帝。

②作中にもう一人のミコールカがあらわれる。

③荷台に乗りこむ酔っぱらい＝ロシア貴族。

④やせた小柄な雌馬＝ロシア農奴。

農奴制は１８６１年アレキサンドル２世によって廃止されたが、それによって農奴が、すぐに楽になったわけではない。なお、ドストエフスキーの父親は農奴に殺されている。

⑤やせた小柄な雌馬は作中に人間（女性）としてあらわれる。そしてラスコリニコ

フの愛の対象となる。

⑥殺された馬にかけより接吻するラスコリニコフ少年の姿勢（拝跪）は、この後、作中に四度あらわれる。根源的な姿勢なのだ。

⑦しかし、馬にかけより、涙ながらに接吻する心やさしい少年が、犯罪を完遂できるだろうか。危ぶまれるのである。

夢から覚めたラスコリニコフは、やはり妄想にとりつかれている。そして機械仕かけの自動人形のように、金貸しの老婆殺しの犯罪の実行にとりかかる。その直前にまた、今度は美しい夢をみる。

「アフリカのどこか、エジプトあたりのオアシスの風景だ。隊商が休息していて、駱駝がすわっている。耶子の木が生い繁り、一同は食事をしている。涼しい風が吹き、碧い色をした冷たい水が、金色や七色の虹のような輝く砂の上を、さらさらと音をたてて流れている……」（大意抄訳）

これはラスコリニコフの醜悪な犯行を止めさせようとする、無意識層からの、浄化と警告の夢だ。しかしラスコリニコフは犯行を自動人形のように決行しようとする。妄想が勝ち、犯行に走らせる。ラスコリニコフは、斧を持って金貸しの老婆の部屋に侵入し、老婆を殺し、金品を奪った。そこに来てしまった妹のリザヴェータも殺してしまった。そこへ何人かの男達が階段をのぼってくる足音がする。ラスコリニコフは部屋の中からドアを閉めた。男達は、老婆が留守なのではなくて、誰かが中にいて閉めているのに気がついた。そして男達は、鍵を持っている門番をさがしに、階段を降りていった。その隙にラスコリニコフは、部屋から逃走した。この犯行と逃走の場面は読む者は恐怖で心臓が止まり、血も凍る感じがするが、多くの読者はドストエフスキーは、実際に殺人の経験があるのではないか、と疑いを持った。

これは思うに、処刑場で銃殺寸前に恩赦という経験のバリエーションだろう。問題はその後、せっかく奪った金品を、あき地の土の穴に隠し、上から石をのせて、そのままにしてしまったことだ。強者としての道を歩まず、降りてしまったのである。

その後、ラスコリニコフは、心の中の問題の敵を見る。

ラスコリニコフがさまよい歩いて車道に入ってしまうと、幌馬車の馭者に鞭で背中をどやしつけられた。これを見ていた商家のおかみさんが、気の毒がってラスコリニコフに銀貨をにぎらせた。

「その後、ラスコリニコフはネヴァ河のほとりをあてどもなくさまよった。そこは大学に通っていた時、百ぺんも通ったなじみ深い道だった。そして、そこから見える壮麗なパノラマに立ちどまって長いこと見入った。そこにはロシア皇帝の冬の宮殿と、イサーキー寺院の黄金に輝く丸屋根が見える。そこから、何ともいえぬ冷気が吹いてきた。この壮麗な光景には、口もきかず耳も聞こえぬ鬼気にみたされていた。この鬼気とは読みようによっては、民衆の願いに耳もかさぬ、鬼ども、つまり、ロシア皇帝とロシア正教の司教ともとれる（ラスコリニコフという名前は、ロシア正教に反発して迫害された分離派〔ラスコリニーク〕に由来する）。そしてこの河の下の水底に一切合財がおとされてしまったように感じた（水底は地獄だろうか）。そこへラスコリニコフはせっかく貰った銀貨をたたきこんでしまった。そしてこの瞬間、自分というものを鋏か何かで、一切の人、一切のものから、ぷつりと切り離してしまったように感じた」（大意抄訳）

ラスコリニコフは自分の屋根裏に帰って、ぐっすりと眠った。

そして恐ろしい叫び声で眼をさました。

うめき声、悲鳴、号泣、殴打、罵詈《ばり》雑言、残忍で凶暴な恐ろしい物音……、地獄におちた亡者の阿鼻叫喚か。

ドストエフスキーは、ロシア皇帝とロシア正教の大司教――二人の鬼――永遠の地獄――二人の鬼にさいなまれる亡者どもの苦しみの地獄絵図――を読者にイメージさせようとしているかのようだ。但し、これを、検閲逃れの為に、この恐ろしい叫喚が、警察の副署長が下宿のおかみさんを殴打している夢だ、としている。

ラスコリニコフは盗品を使って強者の道を歩むことはやめた。ただそれで何もなかったことになり、安全に生きられるわけではない。警察は必死になって金貸しの老婆殺しの犯人を捜索しているのだ。逮捕されれば死刑になるのだろうか。

　そういう状況にありながら、ラスコリニコフは、屋根裏部屋で妄想にふけっていた時とは別な、生と死の瀬戸際の、大海の中にそそり立つ巖頭に立つような想念にとらわれていた。「（なんだっけなあ）とラスコリニコフは歩きだしながら考えた（あれはなんで読んだっけなあ。ある死刑の宣告を受けた男が、処刑される一時間前という時になってから――こんなふうに云ったとか――あるいは考えたとかしたというのは。――もしどこかの山の頂きか、岩の上か、あるいはただ二本の足を置くにたるだけの狭い場所に生きなければならぬことになったとしても、――そして、その周囲は深淵で、大洋で、永久の暗黒晦冥、永久の孤独、永久の風雨に包まれたような、その一尺にも足らぬ場所の上に、一生涯はおろか千年も万年もそのままで立っていなければならぬことになっても、今すぐ死ぬよりは、やはり生きているほうがましだと！　ああ、ただ生きたい、生きたい、よしんばどんな生きかたでも――ただ生きてさえいられればいい！　なんという真実だろう、ああ、まったくなんという真実だろう！

人間は実にさもしいものだ……ところがそういう男を卑劣漢呼ばわりする奴もやはり同様に卑劣漢なのだ）。と彼は一分後に付け加えた」（大意抄訳）

　ラスコリニコフのような、頭でっかちの生き方知らずは、いつ逮捕されて死刑になるかわからぬ透明な監獄に入れられて生命の価値がわかり、真の自由の価値を知るようだ。彼は流刑地で制限付き自由の中で、かえって安心感を得た筈だ。

　ラスコリニコフは逮捕され死刑になるかも知れない状況で、生への渇望を感じるのだが、それは恐怖と不安に裏打ちされてもいる。恐怖と不安におびえているよりは、いっそ、死んでしまったほうがいいのでは……。

　死の誘惑にとらわれたラスコリニコフは、あてどもなく、さまよい歩いていた。そしてネヴァ河のほとりに出た。

「真っ赤な、ばら色をした太陽が、日没前の最後の輝きを見せていた。そして次第に深まりゆく黄昏の中に、家並は黒ずんでゆく。河岸の屋根の間から、キラリと射した太陽の最後の光線……様々な想念から離れて、ラスコリニコフは、ペテルブルグの落日の光景に見入っていた」（大意抄訳）その時、一人の女が河の中に飛びこんだ。「身投げだ、身投げだ！」。岸にいた人々の叫び声が起こった。続いて「舟だ、舟だ！」。しかし巡査が水に飛びこんで救いあげた。ラスコリニコフは、この騒ぎに、われに帰った。女はラスコリニコフの身代わりに、飛びこんだようなものだ。屋根裏部屋を出たとき、「何もかも、（死んで）一挙に片づけてしまおうか」という想念も、憂愁も彼の中から消えうせてしまった。

　ラスコリニコフが歩いていると、人だかりがしている。かき分けて中に入ると騒ぎの原因がわかった。あのマルメラードフが泥酔して道の真ん中をふらふらと歩いていて、幌馬車にひかれたのだった。ほとんど自殺のような事故だった。ラスコリニコフは瀕死のマルメラードフを、人々と共に妻のカテリーナと子供達の待つ住居に運びこんだ。医者がよびにやられた。次いで、ソーニャを呼びに、妹のポーレニカが走った。ソーニャが来た。小柄な、やせた十八歳の娘だ（夢の中の雌馬と同じだ！）。眼はすばらしい青で、髪はブロンドだった。

臨終のマルメラードフはソーニャを見ると、「ソーニャ！　娘よ！　赦してくれ！」と叫んで息絶えた。妻のカテリーナは、「とうとうこの人は本望を達した！」と嘆いた。ラスコリニコフは持ち合せていた二十ルーヴリをカテリーナにわたして帰った。

「ラスコリニコフは全身、熱病にでもおそわれたような気持ちで、自分ではそれと気づかないままに充実した力強い生活がにわかに自分の前に開かれたような、限りない新しい感覚に満たされた。それは死刑宣告を受けた者が急に思いもかけず特赦を受けた時の感じに似ていた」（大意抄訳）

「恐怖も去れ、幻影も消え失せろ！　生命はあるんだぞ、これでも俺は生きていないというのか」。ラスコリニコフは、ソーニャを見て、元気と活力、躍動する生命を回復した。しかし、その向かう方向は、聖と俗、アガペとエロスのうち、より原初的な方向だった。

「ある夜、ラスコリニコフは計画があって家を出た。そして見覚えのある住居の前に行った。その住居は何故か、あけっ放しであった。

　彼は中に入った。人の気配はなく、まっ暗だった。血のような赤みがかった丸い月が、窓に輝いていた。部屋はしーーんとしていて物音一つしなかった。彼は部屋に入った。すると壁に婦人外套がかかっていた。その裏に誰かが隠れている気配がした。彼はその外套をかきわけてみた。そこに椅子にかけた、頭を低くたれた老婆を見いだした。それはあの金貸しの老婆だった。彼は斧をとり出し、老婆の脳天めがけて打ちおろした。これでもか、とばかり、二度、三度、とたたきつけた。

　ところが老婆は身じろぎもしなかった。彼は身をかがめて老婆をのぞいてみた。老婆は一生懸命、声をころして笑っていた。そして部屋のドアが細目にあいていて、そこに大勢の人達がいて、しのび笑いをしたり、ひそひそ囁《ささや》いたりしていた。彼は狂気のようになって力まかせに斧を老婆の頭に打ちおろした。すると部屋の外の人達は大声で笑い出した。老婆も身をのけぞらせ、全身をゆすぶって笑いだした。彼は逃げだそうとした。ところが部屋の中も、階段も、踊り場も、見るかぎり人、人、人と人でいっぱいだった……」（大意抄訳）

ラスコリニコフは夢からさめた。一人の見知らぬ男が入口に立っていた。男は「アルカージイ・イワーノヴィッチ・スヴィドリガイロフです」と自己紹介した。

スヴィドリガイロフは、訪問した目的を、ラスコリニコフの癇にさわるのをおそれて、なかなか話そうとしなかった。

しかし、実は妹のドゥーニャと婚約したルージンは、亡妻のマールファ・ペトローヴナと縁続きでよく知っていた。それで妹のドゥーニャとの結婚はこれぽっちの利益も得られないだけでなく、かえって、途方もない損をさせられるということ、そして私が一万ルーヴリをお贈りしたいということ、この二つが目的なのだ。そのような大金を自由にできるわけは、資産家のマールファ・ペトローヴナと結婚した為だ。莫大な借金をかかえていたスヴィドリガイロフを、彼女は借金を全て支払って、買い取るようにして結婚したのだ。

ところがスヴィドリガイロフは、彼女を毒殺した、という噂があった。スヴィドリガイロフの話では、彼女の幽霊が出るというのだ。「マールファ・ペトローヴナがときどき御来訪遊ばすんですよ。たとえば、こんなふうにね。『アルカージイ・イワーノヴィッチ、今日はあんまり忙しかったので、食堂の時計をまくのをお忘れになりましたね』。また、ある時は、

『あなた道中のことを占ってあげなくていいの』。彼女はカルタ占いの名人でした。また先き頃は、新しい緑色の絹服にべらぼうに長い尾をひいて、すっかりおめかしをして、入って来たじゃありませんか、……そして私の前に立ったまま、くるりと回って見せたものです。スヴィドリガイロフは、からかってやるつもりで、『私はね、マールファ・ペトローヴナ、結婚しようと思ってるんだよ』と言うと、『そりゃどうともご勝手ですけれどもね、アルカージイ・イワーノヴィッチ、妻の葬いも十分すまないうちからすぐ結婚に出かけたりなさるのは、あんまり名誉でもありますまいよ。それもせめて立派な相手でもさがしだせたのならともかく、私は知っていますが——あの子の為にも御自分の為にもなりゃしませんよ。ただ世間の笑い草になるだけですよ』。こう言ったかと思うと、すっと出ていってしまいました。まるでスカートを曳く音まで立てて……」

この幽霊話がほんとうだとすると、妻殺しの噂は打ち消されたことになる。しかし、噂では戝産を奪う為に妻に毒を盛った、というので、この幽霊話もあやしげな作り話かも知れない。ラスコリニコフは幽霊の話など全く信じない。そこでスヴィドリガイロフは彼の幽霊論を披露する。

「幽霊は謂わばあの世の片影であり、断片であって、その端緒である。勿論健康人にはそんなものが見える道理がない。何故なら、健康人は最も確実なこの世の人間なのだから。従って充実の為に、秩序の為に、この世の生活だけを生活してゆかなければならない。ところがそれがちょっとでも病気をして肉体の組織の中に少しでもノーマルな地上生活の秩序をおかすものができてくると、たちまちあの世の可能性が現われ始める。そして病気が進むにつれて、あの世との接触が、いよいよ頻繁になってくる。そしてすっかり息をひきとってしまうと、すぐその足であの世へ出かけるということになる」。スヴィドリガイロフはつけ加えて、もし来世というものを信じているとしたら、（幽霊として存在するという）この考えも信じられるのではないか、と言う。

しかし、ラスコリニコフは「来世なぞ信じない」と言う。これに対して、スヴィドリガイロフは、奇妙な来世論を語る。

「そこは蜘蛛《くも》か何か、そんなふうなものしかいない。——我々は現にいつも、永遠というものが解しがたい観念として、何か非常に大きなもののように想像されています。しかし何故どうしても大きなものでなければならぬのでしょう？　まあひとつ考察の角度をかえて、すべてそうしたものの代わりに、そこに田舎の湯殿といったような、煤《すす》で真黒になった場所があって、その隅々には蜘蛛が巣を張っている。これがそのまま永遠である、と考えてみてごらんなさい。実はね、どうかすると、私にはよくそんなふうなものが夢のように見えることがあるんですよ」。このスヴィドリガイロフの来世とは、どうやら情欲の世界のようである。

ラスコリニコフはこのエロスと奇妙な来世論には納得も賛成もできず、これとは別なアガペの世界に参入する。

殺した筈の金貸しの老婆が、死んでいなくて、大笑いする夢は、ラスコリニコフが、奪った金品を穴の中にうずめてしまって、彼のいわゆる「社会的な事業」に使わず、おりて、あるいは逃げてしまっているので、自己侮蔑の感情が悪夢となったのである。ラスコリニコフはソーニャを見た時、生命力を回復した。しかし、その生命力はアガペとエロスが渾然としている。スヴィドリガイロフは、そのうちのエロス的来世観を表現してラスコリニコフに見せる鏡の役割を果たす。そして彼はその来世観から離脱する。それでアガペ情念によってソーニャに向かってゆく（彼の意識には、ソーニャが娼婦であることもひそんでいた）。

対決ラスコリニコフVSソーニャ

ラスコリニコフはソーニャの住居に向かった。深夜だった。彼女の借りていた部屋は貧しげで納屋のように粗末な作りで、寝台、テーブル、椅子三脚の他に、箪笥があるだけで、がらんとしていた。あいさつ代わりの、とりとめのない話を数語かわした後、

〈ラスコリニコフは手術する外科医のように、ソーニャの痛い所に入っていった〉（P）

まず義母のカテリーナについてだ。「もう長く家賃を払っていないので、出ていくしかないのでは？」「みなさんは今後もずっとあそこに居るんですか」。ところがカテリーナはお金を工面してソーニャと共に故郷に帰り、そこでいいところのお嬢さん方を入れる寄宿学校を建てるそうだ。できるわけない！（結核が昂進しての妄想だ）。

ソーニャはさらに、カテリーナを弁護する様々のエピソードを話した。子供達を可愛がったこと、洋服のセンスがよいこと、気位が高く、一度も人にものを、ねだったことが無かったことなど……。カテリーナ一家が今後どうなるか、という問題には、ソーニャは触れたがらず、はぐらかそうとして必死なのだ。これについてラスコリニコフは残酷な断案を下した。

「カテリーナは肺病が大分悪くなっていて、もうじき死ぬでしょうよ」

〈さらに彼はのってきて、ひどい残酷節を続けた〉（P）

「もしあなたが病気で入院でもすると、あの人達母子はぞろぞろと町へ出てもの乞いをする。そのうちにあの人は倒れて病院に運ばれて死んでしまう。子供達は……」

「まあ、そんなことはありません……そんなことは神様がお許しになりません！」。

ぎりぎりまで押しつけられたソーニャの胸から、これだけの言葉がほとばしり出た。

ラスコリニコフは容赦なくさらに核心にせまった。（結局は、お金が無いからなのだ）。

「あなたは毎日お客をとるわけにはいかないのでしょうね」

「ええ」

ソーニャは前よりも一層どぎまぎして顔をくれないに染めて囁《ささや》くように答えた。

「ポーレニカにもきっと同じ運命がくるんだろうね」と、ラスコリニコフはつぶやいた。

「いいえ、いいえ、そんなことがある筈がありませんわ、神様が、神様がそんな恐ろしいことをお許しになりません！」

「だって、ほかの人には許してるじゃありませんか」とラスコリニコフは返した。

「もしかすると、その神様なんてものはてんで無いかもしれませんからねえ」

突然ソーニャの顔は恐ろしく変化した。顔に痙攣《けいれん》が走った。激しい非難の眼で彼をキッと見すえた。言葉は出なかった。ただ顔をおおうとはげしく、すすり泣きを始めた。五分ばかり泣き続けた。ラスコリニコフは、突然全身をかがめてひざまずき、彼女の足に接吻をした。

「ぼくはお前に頭を下げたのではない。人類全体の苦痛の前に頭を下げたのだ」

〈気《き》障《ざ》なセリフだ。カッコウをつけているともいえる。ラスコリニコフは強者の特権という理論を発明して、人を二人まで殺した。しかしそこから逃げて、うじうじぐずぐずしている。それに比べてソーニャは、一家の唯一の働き手をして、決然として泥水に身を沈めている。そのけなげさにうたれたのだ。

　ここから尖鋭な頭脳のサディズムは終わり、足と唇の接触によって生じた、アガペとエロスの混然としたエネルギーが彼女にそそがれることになる。驚くほどの主客転倒劇だ。愛する前によくある、イジメは終わったのだ〉（P）

「今日、ぼくは妹にお前と並んですわる光栄を与えてやった」

「まあ、あなたは何をおっしゃいましたの！　私と並んですわるのが光栄ですって！だって、私は、……汚れた……ああ、あなたは何をおっしゃったのでしょうねえ！」

　ラスコリニコフの頭脳はぐるぐるとソーニャへの共感に向かって回り始めた。だが、さしあたり、今はいいとして、とどのつまりは身投げか、瘋癲《ふうてん》（精神）病院か、淫蕩か、それしかないのではないか。彼女を支えてきたものは何か。それともあれか。箪笥の上に一冊の書物があった。聖書だ。

「それで、お前は神様によくお祈りするのかい」

「神様を離れて私は生きてゆかれませんわ」

「神様はお前に何をして下さるんだい」

「もう黙って下さい、聞かないで下さい、あなたにそんな権利はありません！」

　彼女は腹立たしげにキッとした眼つきで叫んだ。続けて「神様は何でもして下さいます！」と彼女は伏し眼がちで早口に囁いた。だが、言葉にならぬ感情の嵐が彼女に起こってきた。ふだん伏し眼がちで、小さくおどおどしているソーニャが、忿怒と激昂でふるえ、顔は火のように燃え上がりきびしく力強い感情に輝いているのを見た（狂信者だ！　狂信者だ！）。彼は心の中でつぶやいた。そして箪笥の上の聖書を手にとった。「これはどうして手に入れたの」と訊ねた。「リザヴェータが持ってきてくれたんですわ」。リザヴェータ、不思議だ、と彼は思った。

〈彼女は金貸しの老婆の妹で、彼女を、思いがけず、殺してしまったのだ。老婆殺しについては、ラスコリニコフは平然として持ちこたえていたが、彼女を殺してしまったことについては、胸が痛み、悔やんでいた。そうだ、聖書には復活ということがある。もしほんとうにあるならば、彼女には復活して欲しい〉（P）

「ラザロの復活はどこに書いてあるんだい」

「そんなとこじゃありません……第四福音書ですわ」

「読んでくれ」

　彼は聞き分けのない、子供のようにせがんだ。

「どうしてあなたに読んであげるんですの？　だってあなたは信じてらっしゃらないじゃありませんか？」

「読んでくれ！　ぼくはそうして貰いたいんだ」。彼は幼児に戻ったように駄々をこねた。

　ソーニャは読み始めた。

「ここに病める者あり。ラザロといいて、ベタニヤの人なり」

〈彼女にとって聖書を人前で、読んで聞かせることは、つらいことだった。幼い頃、宝石箱の中のダイヤモンドのように大切にしてきた……但しそれは他人の目には、おもちゃ箱のガラス玉のようなものかも知れない……それをさらけ出すことなのだ。ただ、子供のようになってしまったラスコリニコフに対し、母性本能が働き始めたのだ。彼に何事か、変化が起こるかも知れない〉（P）

　彼に読んで聞かせたい、という欲求が苦しいほど、起こってきた。彼女はヨハネ福音書第十一章を読み続けた。

「――われは復活なり。生命なり。われを信ずるものは永遠に死することなし。汝《なんじ》、これを信ずるや、彼女、イエスに言いけるは――」。ここでソーニャは力をこめて、さながら全世界に向かって自分の信仰を告白しているように、「主よ、然《しか》り！　われ、汝を世にあらわれたる救世主（キリスト）、神の子なりと信ず」。

〈ソーニャの朗読は、聖譚曲の独唱のようになってきた。ラスコリニコフは頭では理解を拒んでいたが、耳には甘美な子守り歌のように聞こえていた。そして夢心地になっていった。朗読が終わった。沈黙が部屋を支配した。

ゆがんだ燭台の上のロウソクの燃えさしは、聖書と殺人者と淫売婦をぼんやりと照らしながらチロチロと燃えていた。五分か、それ以上もたった。ラスコリニコフは夢心地からさめて硬く凍って閉ざされていた生命力が、息を吹き返してきた〉（P）

彼の眼には、力強くあらあらしい決心の色があらわれた。

「ぼくは今日、肉親を捨ててしまった。母と妹を。今のぼくには、お前という人が一人あるだけだ。ぼく達はどちらも呪われた人間だ。どこまでも一緒に行こうじゃないか」

〈お互いに胸にわだかまるものを吐き出した。戦いすんだ同士なのだから……〉（P）

「どこへ行くんですの」。恐ろしそうにソーニャは聞いて、思わず一歩、身をしさらせた。

彼女には何一つわからなかったが、彼が限りなく不幸だ、ということだけがわかった。

〈お前は自分を殺したんだ（ぼくは二人を殺した。それはどっちだって同じことだ）。

一人きりでは持ちこたえられまい。だからぼく達は、一緒に同じ道を行くべきなんだよ。行こうじゃないか。

なんというひどい理屈、あきれた恋の道行きを誘うセリフだ〉（P）

ともあれ、ラスコリニコフの感情の流れは堰を切ってあふれ出た。心の中で沸騰してきたことがらを、とりとめもなく話し出した。ほとんど叫ぶように。

あらいざらい話した後、思い出したように、「そうだ、誰がリザヴェータを殺したかを話してやろう。じゃさよなら！」。

ソーニャは最後の言葉に驚いてふるえあがった。彼は出て行った。

ソーニャはため息をついた。頭は熱くなってぐるぐる回っていた。ラスコリニコフが話したことを思い出してまとめようとしたが、できなかった。混乱だけが残った。ただ自分に何かしらわけのわからぬ未来が迫ってくることだけは感じとられた（あの人は私の足に接吻して、こうおっしゃったわ、私を離れては、もう生きてゆけないって……。私はどうしたらいいのでしょう……おお、神様！）。彼女は寝入ったが、一晩中悪夢にみまわれた。

ソーニャの部屋の隣りは空き部屋だったが、さらにその隣りの部屋には、ある男が借りて住んでいた。あのスヴィドリガイロフである。彼はもの音を聞きつけて、二人のやりとりを立ち聞きしていたが、やがてそっと椅子を運んできて、二人のドラマに聞きいっていた。それは彼にとって実に興味深く、意味深長なものに思われ、非常に、非常に気に入ってしまったのであった。

頂点からかけ下る

ラスコリニコフとソーニャのこの夜の葛藤のドラマは一篇の頂点である。海ぞいの断崖絶壁に追いつめられた者の最後の反撃のようなエネルギーが、ラスコリニコフの内部に起こり、エピローグに向かってゆく。多少の紆余曲折はあるが、山をかけ下るように、物語は終結部に向かうことになる。

――マルメラードフの追悼式とラスコリニコフの告白――

ドゥーニャとルージンの婚約はラスコリニコフの反対によって破談となった。マルメラードフの追悼式でルージンはソーニャを卑劣なやり方で、こそ泥に仕立てあげ、ことさらに衆人の面前で暴露《ばくろ》する。ラスコリニコフに対する仕返しだ。ところが同居人の一人が、ルージンの手口を見ていて、ソーニャのぬれぎぬを晴らした。そしてラスコリニコフは、ルージンが卑劣なやり方でソーニャにぬれぎぬを着せた、そのわけを説明した。ルージンはその場から逃げだし、借りていた部屋からも退居する。ラスコリニコフは、きわめて小さくはあるが、勝利の感覚をあじわう。

この事件で勢いづいたラスコリニコフは、ソーニャの部屋を訪れる。そして約束通り、リザヴェータ殺しを告白する。金貸しの老婆を殺した時、思いがけず入ってきた彼女を、ほとんど反射的に、斧で殺してしまったのだ。それは無意味な殺人だった。だから、自分にもよくわからず、ためらいながら、謎をかけてあてさせるようにしたのだ。遠まわしに、ソーニャの反応を見ながら、毒薬を少しずつふくませるようにして……告白する。わかったとたん、ソーニャは悲鳴をあげて寝台の上に倒れたが、すぐに体を起こして、両手でラスコリニコフの両手を強くにぎりしめ、彼の眼を、強く見つめていたが、それが疑うべくもない事実とわかると、彼の首へ飛びついて、彼を両手で堅く抱きしめた。

〈それは神なきラスコリニコフの告解であり、ソーニャは、みじめで哀れな司祭であった。抱擁《ほうよう》は長く続き、彼女は離れなかった〉（P）

それは、血で汚れた殺人者としてではなく、不幸な心を病める者としてのラスコリニコフに対する母性本能の発露だった。

「じゃ、お前は、ぼくと見捨てないでくれるんだね、ソーニャ」

「ええ、いつまでも、どこまでも」

ソーニャは応じた。そして

「どこまでも、いつまででも、おお、神様！」とくり返した。

ラスコリニコフは、おちついてきて、自分の犯罪について、ソーニャに説明した

（強者は、社会全般に役立つ事業の為なら、世間の道徳を踏みにじる特権があるとす

る）。

理論はともかく、やった行為はまちがっていたのだ。壮麗な市街のど真ん中で、大砲を並べ、暴徒化した市民に眉一つ動かさず、砲弾をぶっぱなす、ナポレオンのような鋼鉄の神経が必要なのだ。ラスコリニコフの神経はデリケートでナイーブすぎる。結局この犯罪は、厭人憎世の発作であり、芸術家肌の人によくあるヒステリーなのだ。

二人は暴風雨の後の、ひと気のない海岸に、二人きりで打ち上げられたように、悲しげで、しょんぼりと腰かけていた。

――カテリーナの死、そしてスヴィドリガイロフの慈善と暴露――

ラスコリニコフとソーニャのもとへ知らせが届いた。カテリーナがどうやら発狂したらしく、三人の子供にはち巻きをさせ、身なりもけばけばしく紛装させ、何やら得体の知れない風体にして、大通りを唄わせたり踊らせたりしながら、物乞いに歩かせていた。それはどう見ても狂気のようであった。やがてカテリーナは、ばったり倒れた。結核が昂進しての喀血であった。彼女はソーニャの部屋にかつぎこまれた。そして死の床で、幸せだった若い頃を回想し、とぎれとぎれで、好きだった吟遊詩人のローマンス（恋愛歌曲）を歌った。死が近づくと、ソーニャにまま母としてつらくあたったことを謝り、子供達を託し、最後に、苦しめられた人生の総括をするかのように、憎々しげに、

「精《せーー》も根《こーーん》も尽きはてた」と叫んで、がっくりと頭を枕の上におとした。

夢うつつの中でこんな遺言を残している。

「何ですって、牧師さんだって、いらないわ、私にはどうしてそんなお金がありますか。

私には罪なんかありません。……神様は、私がどんなに苦しんだか、ちゃんと御存じです。だから神様はきっと許して下さる筈です。だけど、もし許して下さらなかったら、許して貰わなくてもいいんです！」

ラスコリニコフがソーニャの部屋に来た。そこへスヴィドリガイロフが入ってきた。

そして、片隅に彼をよんでささやいた。

「葬儀の費用は、私が全部出します。三人の子供も孤児院に入れて、成人になるまでの費用として一人一千五百ルーヴリをソーニャにお渡しします。それから彼女自身も、泥水からぬけ出すように、相当のお金を贈ります。

　だって、いい娘さんですものね。そうじゃありませんか」

ラスコリニコフは訊ねた。

「いったい何の目的で、あなたはそんな慈善をするんですか」

「そのお金は私には不要なんです。それに亡くなったカテリーナはどこかの金貸しの婆さんのように『しらみ』ではなかったじゃありませんか。それに私が助けなかったら『ポーレニカも同じ運命をたどるんだろうな』ということですよ」。彼はこれだけ言うと、ずるそうな顔つきで、眼くばせして、にやりと笑った。そしてつけ加えた。

「あなたは、私となら、当分まだまだ一緒に生きてゆけますよ」。

ラスコリニコフは、ソーニャに打ち明けた自分の秘密を聞かされて、さっと色を失ってさむけをおぼえた。彼は後ずさりすると、殺気だった眼つきでたずねた。

「どうして……あなたは知ってるんです」

「私はね。ソーニャの部屋の一つ空き部屋をおいた部屋を借りて住んでいるんですよ」。スヴィドリガイロフは、そう言うと、腹をかかえて大笑いした。

ポルフィーリイとミコールカ

ここで本筋から離れて、明敏な予審判事ポルフィーリイとペンキ塗り職人ミコールカについて触れることにする。

ポルフィーリイは状況証拠と例の強者の特権という論文を読んでいて、金貸しの老婆殺しの犯人は、ラスコリニコフにちがいないと、にらんでいる。そして様々な方法でラスコリニコフを追いつめる。

一方のミコールカは、ラスコリニコフの犯行当夜、現場で同僚のミーチカと仕事をしたりふざけあったりしていた。そして犯行現場でラスコリニコフの落とした金の耳環をひろって、道でひろった、と嘘をついて質屋に入れその金を遊興で使ってしまった。ラスコリニコフの犯罪を知った質屋の主人は金の耳環を質入れしたミコールカを警察に届け出た。ポルフィーリイはミコールカを証人として確保しておいた。そしてラスコリニコフを追いつめ逮捕する時にミコールカを使うつもりだった。ところが思いがけない展開となってしまった。何とミコールカは、自分が真犯人である、と自白したのだ。事情はこうだ。ミコールカは田舎にいた時、ある宗派の修行をしていた。ところがペテルブルグに来て、働いているうちに、遊興の味をおぼえた。悪事を働いたら、罪をかぶって償わねばならない、そんな教えがその宗派にあった。そこで自分が真犯人だ、と名乗り出た、というわけだ……。ところで始めの頃のラスコリニコフ少年の夢の中に馬殺しの乱暴者が出てくるが、その名はミコールカだ。ミコールカはどうやらロシア皇帝に擬せられている。これをつなぐとロシア皇帝=乱暴者ミコールカ。ペンキ屋ミコールカ=真犯人（と名乗り出る）。

ロシア皇帝=真犯人
このような寓意にたどりつく。
これは偶然の一致だろうか。おそらく悪意をこめた故意にちがいない。
(ドストエフスキーは編集していた雑誌『ヴレーミヤ』と『エポハ』が発禁の憂き目にあっている。風刺も遠まわしにしかできなかった)

ポルフィーリイはラスコリニコフを追いつめてゆく過程で若い頃の自分を思い出したようだ。ラスコリニコフの論文を読んで、その情熱と大胆さに打たれたのだ。しかし一方で(この男はこのままではすむまい)と思った。

そして事件が起きると、ラスコリニコフが真犯人にちがいない、と目星をつけた。一方、(あなたの人物を知るに及んで、尊敬の念を抱き始めた)のだ。ラスコリニコフを取り調べ、対決した。最後に自分から(真犯人はあなたです)と告白する。一方で自分の誠意を披瀝《ひれき》する。

「自分は何もかも、お仕舞いになった人間です」。つまり体制社会にどっぷりつかって、ただ事務的に仕事をこなすだけの人間だ。ただ逮捕して、成績をあげるだけが、私の能ではない。自首しなさい、とすすめる。そうすれば命は助かるだろう。そして多分、流刑の苦しみを受けることになる。しかし、「苦痛というものは偉大なものですからねえ！　あなたは、信仰とか、神とかを見出しさえすれば、よしんば腸を寸断されようとも、黙って、笑みを含んで、自分を苦しめる相手を見ている。そういう人間だと思っています」

「太陽になりなさい。そうすれば、万人があなたを仰ぎみます」

「あなたはまた何を笑うんですか。笑いごとではありませんよ」

　ポルフィーリイの自首のすすめは終わった。

「よいご分別と幸福なご出発を祈ります！」

　ラスコリニコフは、すぐには自首できない事情をかかえていた。妹のドゥーニャは、マールファ・ペトローヴナの家で家庭教師をしていた。その時、スヴィドリガイロフはドゥーニャに恋着した。

そのスヴィドリガイロフは、ソーニャとラスコリニコフの深夜の会話を盗み聞きして、彼の犯行を知っている。そうすると、もしドゥーニャがスヴィドリガイロフの意に添わなければ、兄の犯行を警察に訴えるとおどして、無理矢理に、スヴィドリガイロフの意志に従わせるかも知れない。そうさせぬ為には、彼奴《きゃつ》を殺してしまわねばならぬ——ラスコリニコフはそう決心した。そして彼はスヴィドリガイロフをさがし歩き、とある料理店で彼を見つけた。多少のやりとりの後、

「ぼくがあなたの所へ来たのは、もしあなたが、まだぼくの妹に対して、以前の悪心を持っていて、その為に最近曝露された、私個人に関する事実を悪用しようとするなら、あなたを殺してしまう、という事を直接に言明する為だ、と御承知おき下さい」

とはっきり告げた。スヴィドリガイロフは、それに対して直接答えず、自分の女性遍歴の自慢、告白、観察、懺悔、など、いろいろといりまじった話を披露する。そして十六歳の少女と結婚する予定だと話した。スヴィドリガイロフは五十男だ。そして長年の遊蕩で彼は衰弱していて、大人の女性に興味を失っていたのだ。ドゥーニャに対する関心は別種のもののようなのだ。

彼の観察によれば、

「若い娘さんの心に可哀相という気の起こること、これはその人にとって、何よりも危険なことなんですからね」。とはいえ、その種の女性がいる。ドゥーニャは、マールファ・ペトローヴナの家に家庭教師として住みこんでいた時、スヴィドリガイロフが、小間使いの娘にいたずらするのを、懇々とさとしたらしい。それが二人の接近のもととなったようだ。彼によればドゥーニャは「殉教の苦患に堪え通す女性であって、真赤に焼けた鉄片を胸に押しあてられた時でも、微笑を含んでいる人なのです。古代であれば、あの人はエジプトの曠野に身を隠して、三十年くらいも草の根を食べながら、歓喜と見神とにゆかれたでしょうね」。要するに聖女タイプであり、ポルフィーリイのラスコリニコフ評に似ている。スヴィドリガイロフは長年の遊蕩からめざめて、自分を鞭打ってくれるような女性が必要なのだ。それがドゥーニャなのだ。

もう一つ注意しなければならないのは、ラスコリニコフが軽く「スヴィドリガイロフを殺してやる」と決心したことだ。一度殺しを経験した者の怖さだ。一方スヴィドリガイロフは、こんな感想を抱く。

（あのラスコリニコフという奴は、煮ても焼いても食えない野郎だ。随分と、大したことをやりやがったものだ。二人を殺した罪などという、くだらない考えさえ飛びこえたら、いずれ大悪党になれるやつだ）

確かに善悪両方の可能性のある未分化の状態なのだ。そこでこんな提案をする。

「（強者は法律をのりこえてもいい）、という確信がお有りなら、一刻も早く、どこか、アメリカあたりに逃げてしまったらいいでしょう。まだ時間はあります。お金がないとでもいうんですか。旅費は私が提供しますよ」

「ぼくは、そんなことちっとも考えちゃいませんよ」

ラスコリニコフは即座につっぱねた。とはいうものの、一つの誘惑、一つの可能性としては残ってしまったことは確かだ。この為に油断してスヴィドリガイロフの魔手から、ドゥーニャを守ることができなかったのだ。

スヴィドリガイロフは、兄さんに関する話は往来ではできません、といってドゥーニャを自分の部屋に誘いこんだ。ドゥーニャは警戒していたが、兄に対する不安が先に立ち、つい危険な男の部屋に入ってしまった。スヴィドリガイロフは、ラスコリニコフが、ソーニャの部屋で自分の犯行を告白していたことを、盗み聞きした、と打ち明けた。それは単なる強盗ではなく、強者は道徳律をのりこえる権利がある、という理論の実践だった、ということを説明した。実はドゥーニャは、兄のその論文を知っていた。しかしスヴィドリガイロフは、兄さんの犯罪を警察に届けず、兄さんを救い出します、というのだ。

「私には金があるから外国へ逃亡する切符は、すぐに手に入ります。それもあなたと私とお母さんと四人で‼」

そしてドゥーニャの心をぐらつかせるこんな提案もした。

「兄さんが人殺しをしたとしても、ほかにもっといい事をなされば、何もかも帳消しになるわけですからね」

スヴィドリガイロフは、いつの間にか部屋の鍵をかけていた。この、聞きようによっては魅力的な殺し文句で、有無をいわせず、ドゥーニャをわがものにしようとしたのだ。

「兄さんとお母さんの運命はあなたの手中にあります……。私はあなたの奴隷になります。終生を通じて……」。彼は懇願した。

勿論ドゥーニャも、万が一の時を思って、準備していた。彼女はポケットからピストルをとり出して撃鉄を起こした。

「ははあ、そういう手があったんですか！」。さすがにスヴィドリガイロフも驚いた。

しかしここからドラマは急展開する。

「兄のことは告訴でもなんでもするがいい。お前こそ人殺しだ。奥さんを毒殺したじゃないか」

「それが事実だったとしても、（それも誰ゆえ、お前ゆえ）だよ。お前を愛して、思いをとげようとしたのがもとなんだ」

「嘘をおつき！」。ドゥーニャの眼には、狂憤の焔が燃えあがった。彼女はピストルを発射した。弾丸は頭をかすめただけだった。

「蜂がさしたな」。血がたらたらと流れた。

「射ち損じじゃないですか。もう一発射ってごらんなさい。待ってますよ」。スヴィドリガイロフは薄笑いを浮かべて言った。

ドゥーニャは引き鉄をひいた。弾丸は出なかった。「不発だったね、もう一発射ちなさい。待ってますよ」。スヴィドリガイロフは、じりじりとドゥーニャに迫りながら催促した。

　重苦しい声で、額には脂汗を流していた。

　もう数歩の距離まで近づいていた。ドゥーニャはピストルを投げ捨てた。

「捨てたな！」とスヴィドリガイロフは言って深いため息をついた。死の恐怖と共にもう一つの期待が消えた。彼はドゥーニャのそばに歩みよって、片手で腰を抱いた。彼女は、小きざみにふるえて、祈るような眼つきで、彼を見た。「はなして！」とドゥーニャは叫んだ。「じゃあ、どうしても愛してはくれないんだね」。ドゥーニャは、かぶりを左右に振って拒んだ。スヴィドリガイロフの心の中で、恐ろしい暗闘《とう》の一瞬がすぎた。彼はポケットから鍵を取り出して、テーブルにのせた。

「ほら、鍵だ、早く出て行きなさい」

ドゥーニャは鍵をとってドアを開けると、走り去って行った。スヴィドリガイロフは、奇妙な、弱々しくゆがんだ微笑を浮べた。それは絶望の微笑だった。彼はピストルを拾ってポケットに入れると、部屋を出ていった。

ここで少し寄り道をする。アガペとエロスといっても、それが一人の人間の中で截《せつ》然《ぜん》と分かれているわけではない。昨年（令和3年）瀬戸内寂聴という尼さんが、九十九歳の高齢で亡くなった。彼女は若い頃、夫と子供を捨てて、夫の教え子と駆け落ちして、作家をめざした。作品が認められて流行作家となったが、一方で次から次へと不倫を重ねた。ところが五十一歳の時、突然出家して、尼僧となった。とはいえ、一方で執筆活動を続けるかたわら、法話に、被災地の慰問に、反戦運動にと旺盛な活動を続けた。尼僧でも（日本では）結婚できるが、彼女は完全な（男絶ち）をした。男との出入りに、「もう、あきた」などとも放言している。しばしば、何故、尼さんになったのか、自分でもわからない、と言っている。彼女の場合は前半生はエロス、後半生はアガペと、くっきり分けてしまった。ただ実際は、一人の人間の中でこの二つは分かち難く結びついている（それを実行するかどうかは、別問題である）。ラスコリニコフにも、若い男性として、当然エロスの欲求はある。ドストエフスキーは、ぬかりなく、それを書きいれている。ラスコリニコフも娼婦のたむろする通りを、うろつくこともあったのだ。

「ちょいと寄ってらっしゃいよ。可愛い旦那！」。声をかけた女に彼は言った。

「やあ、別嬪《べっぴん》だね」。女はにっこりした。彼のお世辞が気に入ったのだ。

「あなたもとてもいい男だわ」

「可愛い旦那、ほんとにあたし、あなたとならいつでも遊ぶわ。だけど今は気がさしてだめなの。ね、旦那、一杯飲むんだから、少しばかりお金を頂戴な」

ラスコリニコフはポケットからお金をつかみ出して女にやった。

いくら美青年でも、蒼白な顔に絶望を浮かべていては、彼女（ドクリーダ、ナンバーワンの美人）も、面白おかしく遊びたわむれるというわけにはいかないだろう——。ただ、ラスコリニコフは少年時代の夢の中で、殺された雌馬に接吻したように、アガペのエネルギーが優越していた。彼はソーニャの前にひざまずいた。そして彼女の聖書の朗誦を聞いた。

〈彼は聖書も、イエスも、ましてや、死後四日経って、臭くなったラザロの復活を信じたわけではなかった。ソーニャの声の波動が彼の全身の官能をゆさぶり、めざめさせたのだ（彼は無神論者だ）。そして、その後の困難な恋路の門出となったのだ〉（P）

スヴィドリガイロフは自分の真の欲求も、どうしたらいいか、そのやり方も知らなかった。彼は大人の女性にはあきて、少女を求めるようになっていた。

〈それ以上に求めていたのは（彼自身は知らなかったが）遊蕩によって糜爛《びらん》した官能を癒す劇薬だった（肌ぬぎになって、茨の鞭《むち》で打たれるような）。だからドゥーニャにピストルを向けられても向かっていったのだ〉（P）

もし命が惜しければ、鍵をわたして、彼女を逃がしてやっただろう……。彼は、ピストルを捨てたドゥーニャの腰に手をまわして抱いた。小きざみにふるえ、「はなして」。これがドゥーニャの反応だった。スヴィドリガイロフは何か言おうとしたが、唇がゆがんだばかりで、言葉にならず、口をきくことができなかった。だから彼女に心が通じなかった。自分で自分がわからなかったのである（人間には表層の欲求と深層の欲求と二つある。深層の欲求、〝ホントの心〟を無自覚のまま行動すると、ぎこちなく挫折しやすい）。

スヴィドリガイロフはドゥーニャという一人の女の肉体を奪うことを、やりそこなったのではなかった。別なものを求めていたのだ。そして絶望したのだ（ドストエフスキーは、はっきり「絶望」と書いている）。

彼はラスコリニコフのようにひざまずいて、頭を何度も床にたたきつければよかったのだ。そうすれば、ドゥーニャは彼を抱き起こしてくれたかも知れない――。彼はこの後、一人で死出の旅路を急ぐことになる。

スヴィドリガイロフの死出の旅

スヴィドリガイロフはソーニャの所へ行き、三人の弟妹の養育費を渡し、ソーニャにも泥水から足を洗う費用として大枚を差し出した。ソーニャは辞退したが、押しつけた。次に、許嫁《いいなずけ》の少女の両親を訪ね、いずれ結納のつもりで渡す金だったが、急用で旅に出るので今お渡しします、と云って大金を差し出した。そして許嫁に接吻して別れた。その後、旅館に宿泊した。うとうととまどろんでいると、次から次へと夢や幻が浮かんできた。ドゥーニャを部屋にとじ込めた記憶が浮かんだ。

彼女がピストルを、一発目に発射し、二発目が不発だった時、力ずくで彼女を抱こうと思えば抱けたのだ。だがそれまでの自分と打って変わって彼女が可哀相になったのだ……（ちぇ、くそ！　がらにもねえや。こんな考えは、うっちゃってしまわなきゃなんねえ。ほんとうは、あの女がおれの根性をたたき直してくれるとよかったんだが。そうすればもうちょっとましな人間になれたんだ……）。

　彼は事件が終わってから、心の奥底のほんとうの願望に気づいたのだ。夢はとぎれた……。また別の夢が訪れた。

　木造の別荘があった。すがすがしい風が吹き、小鳥がさえずっていた。建物の中に入り、広間に出ると、中央に白い絹布でおおわれたテーブルがあり、その上に棺《ひつぎ》があった。棺の中は花でうずめられていた。その中に白いレースの服を着た娘が、大理石の彫刻のように横たわっていた。スヴィドリガイロフは、その娘を知っていた。その娘は十四歳のとき、彼に凌辱されて、身投げしたのだった。彼の心の中には、かっては決してなかった後悔が始まっていた。彼の心はくずれだした……。夢はとぎれ、しばらくしてまた別の夢が始まった。

　廊下を歩いてゆくと、片隅に五歳くらいの女の子がうずくまっていた。その着物はびしょぬれだった。その女の子はスヴィドリガイロフをみると、泣きやみ、彼に笑いかけた。

　少しすると、また悲しそうにすすり泣き始めた。どうしてこんな所にいるんだろう。

彼は少女に問いかけた。少女はまわらぬ舌で、何かいたずらしたので「母ちゃんがぶちゅんだもの」と云ってまた泣き始めた。彼は少女を自分の部屋につれていった。彼は少女の濡れた着物をぬがせ、ベッドに寝かせ、毛布をかけてやった（どうして俺はこんな娘にまだ、かかずらおうとしているんだろう。馬鹿馬鹿しい！）。夜が明けたら、すぐにこの宿屋から出ようと考えた。ふと気がつくと、娘は起きていた。そしてその眼は、子供らしくない、ずるそうな眼くばせをするように光っていた。何かを待ちうけているような……。やがてその顔は無恥な、挑発的な、媚を売る女の顔……フランスのカメリヤ（売笑婦）の顔になった。（えい、汚らわしい！）と叫んだ。ここで眼がさめた。スヴィドリガイロフは宿屋を出た。早朝の街には、人っ子ひとりいなかった。ミルクのように濃い霧が街並に立ちこめていた。スヴィドリガイロフは、あてどもなくさまよい歩いた。どの店も家も、閉まっていた。彼は死に場所をさがしていた。自分で、どんな場所がふさわしいか、わからなかった。かなり歩いた頃、大きな家があり、その門の所に歩哨が立っていた。（人がいた。ここだ！）と彼は思った。

〈孤独な死には耐えきれず、ひと気が欲しかったのだ〉（P）

彼はピストルを取り出し頭にあてた。

「あ！　ここはそんなことする場所でねえだよ」

歩哨は叫んだ。スヴィドリガイロフは、ピストルの引き鉄をひいた。

（この俺でなく、ドゥーニャが引き鉄をひいてくれればよかったのに、と思いながら）

別れと自首

国外逃亡の誘いをはねつけたラスコリニコフは自首を決意した。まず母との別れに行った。母親プリヘーリヤは息子の犯罪については、何一つ知らなかった。しかし母親の愛情による夢の知らせや、日常生活のなかで起きる虫の知らせによって、息子がどうやら罰を受けに行くようだ、ということはわかっていた。

「お前に十字を切らしておくれ。お前を祝福させておくれ」。母の祈りに彼の心は一気に和らいだ。ラスコリニコフは彼女の前に身を投げて、その足に接吻した。母親は別れの時が来たことを知って訊ねた。

「お前は遠くへ行くのかい。勤め口とか、出世の道とかそんなものなのかえ」

「何事も神様のおぼしめしです……」

〈(あーらら、神を信じてないラスコリニコフがこんなことを云っちゃって。母親の前で子供に戻ったのか)〉(P)

「これっきりじゃないだろうね。また来てくれるだろうね」

「また来ますよ。さよなら」

母親との別れは悲しいながらも、おだやかだった。

ラスコリニコフが自分の部屋に戻るとドゥーニャが来ていた。

「一晩中どこに行ってたの」と彼女は訊ねた。

すでに兄の犯罪を知っていたので心配したのだ。

「ぼくは一晩中ネヴァ河のほとりを歩いていた。そこで一切を解決しようとしたんだが、その決心がつかなかった」

「まあ、よかった、私達もどんなにか心配したでしょう、私もソーニャも。ほんとうによかったわ、ほんとうによかったわ」

二人はしばし押し問答をした。自首する気にはなったが、自分の理論と犯罪については、まだ納得がゆかなかったのだ。ただこの二人の哀れな女達を不幸にしてしまった。そして苦しめてしまったことについては、自分だ、と認めざるを得なかった……。ラスコリニコフはドゥーニャに母親を頼み、さらに親友のラズーミヒンに母親と妹を頼んで別れた。

道々、彼は考えた（もし、おれがもし、一人ぼっちで、誰一人愛してくれるものがなく、自分も誰一人愛する人がいなかったら……こんな犯罪など起こさなかったろう……）。犯罪を人のせいにしてはいけない。とはいえ、スヴィドリガイロフの如く、悪魔のように孤独であれば人を殺しても苦しまなかっただろう。

孤独なラスコリニコフが、同行してくれるであろうと選んだのがソーニャだ。ラスコリニコフの中には、人間と悪魔が同居していた。

彼の中には、（一人きりになる為には、この世のあらゆるものを投げ出してもいい気持ち）と（自分だけでは、一分間も一人でいられない気持ち）が交互にあらわれた。とはいえ殻《から》は破れた。彼は、自分が同行してくれる相手として選んだソーニャの部屋に入った。彼女もドゥーニャと同じくラスコリニコフの自殺を心配していたのだ。彼を見てソーニャは喜んだ。しかし、すぐに蒼くなった。彼の表情には、まだ苦悶と不満が残っていたのだ。

ラスコリニコフは何で自分がソーニャの所に来たのか、わからなかった。同行してくれとは、云えない。別れの言葉も云いづらい……。ふと、思いついたように聞いた。

「十字架はどこにある」

ソーニャは糸杉と銅と、二つの十字架を持っていた。彼女は糸杉のほうを彼にかけてやった（糸杉は形が焔に似ているので、聖なる樹とされる。また死の象徴ともされる）。

銅のは思いがけず殺してしまったリザヴェータのものだ。それをソーニャが胸にかけるのだ（ラスコリニコフは金貸しの老婆殺しにはあれこれ理屈をつけたが、リザヴェータ殺しは疑いなく罪だ）。ソーニャは、ラスコリニコフが、自首という苦難の道を行くのを思って泣き出した。そう話すこともなく、彼は戸口へ向かった。ソーニャは一緒に行く、と云い出した。「よしてくれ、ぼくは一人で行く」。

彼はこう叫んで部屋を出た。ソーニャは部屋に残った。

道々、ラスコリニコフは考えた（おれは何の為にあの女の所に寄ったのだろう。十字架を貰う為か。こんなもの信じちゃいやしない。あの女を愛しているからか。そんなこともないな。あの女の涙を見たかったのか。いやはや、おれはあの女の悩み苦しむ姿を見たかったのだ。おれはろくでなしだ。卑劣漢だ。乞食だ。それも金目当てではない。愛情乞食だ）。ラスコリニコフは心の中で際限なく自虐し、自分を卑小化していった。そして最後に、

（おれは子供に戻ってしまった）

彼はあてどもなく歩いて、人通りの多い往来に出た。さらに歩いてゆくと、広場の中央に行きついた。その時、ソーニャに、大地に接吻するように言われたことを思い

出した。

突然熱い衝動が体の中に湧き起こった。ラスコリニコフは広場の真ん中に跪《ひざまず》いて身をかがめ、大地に接吻した。

「見ろやい、酔っぱらいのざまを！」。一人の若者の嘲《あざけ》りの声と共に、広場にいた群衆の、どっと笑う声が起こった。

ラスコリニコフは立ち上ると、自首する為に警察に向かった。

エピローグ

ラスコリニコフは自首した。裁判の結果、８年の刑となった。そしてシベリアに送られた。茫漠《ぼうばく》たる大河の河岸にある、蒼古たる都市に要塞があり、その一部が監獄になっていた。彼はそこに収監された。彼は見かけは、自分の中にもぐりこみ、一切のものから眼を閉ざしているようであった。他の囚人達と口をきかず、関わりを避けていた。

彼は、あい変らず頭脳を酷使し、あてどもない想念にふけっていた。自分の前に8年間、全く目的も対象もない無意味さに耐えられないようであった。もし悔恨が、心臓を打ち砕き、焔のように自分を焼き尽くすような悔恨がくれば、彼はどれほど喜んだことだろう。しかし、彼に悔恨がくることはなかった。

(自分は確かに刑法上の犯罪をおかした。あとは法律に照らして、おれの頭をはねればいいのだ。それで沢山だ！)

だが死刑にはならなかった。生命は与えられたが、それは苦しい思索にふけるだけの為でしかない。自分は何故ネヴァ河の岸で、身投げしなかったのか。理論は正しいのだが、自分の役割はちがうのではないか。何か別にあるのではないか。これが自殺しなかった理由だろうか……。

ここから同じシベリアの流刑地で感じた、ドストエフスキーの経験と重なる。(彼

は将来の復活、将来の予言者となることを理解できなかった）

ところで、強者の特権という役割にぴったりの適役だったナポレオンはどうだろうか。

ナポレオンはコルシカ島に生まれ、フランスで軍人となった。革命に際会し、市街地で大砲に殺傷能力の強い散弾をこめて砲撃、暴徒を鎮圧し、一躍、注目の軍人となった。その後、イタリア、エジプトと革命戦争に活躍、英雄となり、第一統領となった。その後、ブルボン王家を倒した革命家にも拘わらず、皇帝に即位した。戴冠式では、法王からでなく、自分の手で冠をいただいた。後にロシア遠征に敗北して退位、エルバ島に、次いで、アフリカ南西岸の絶海の孤島セント・ヘレナに流され、そこで亡くなった。足かけ8年、偶然の一致だ。同島での回顧録で「余の成功は早すぎた！」という痛切な一句を残している。

ドストエフスキーはシベリアからロシア本国に戻ると、この『罪と罰』をはじめ、大作を次々と発表、ロシアを代表する作家となった。最後の『カラマーゾフの兄弟』には、予言的な文句がよく知られている。「もし神がなければ？　全ては許される」。

疑問符つきの上の文句は省かれ、「全ては許される」が現代の主流となった。わかりやすくいえば「何でもあり」だ（せいぜい自己責任だ）。だが果たしてそうだろうか。

　これは重苦しい課題として、我々にのしかかっている。


「ラスコリニコフは病気になって病院に入った。そして恐ろしい夢を見た。アジアの奥地からヨーロッパへきた伝染病で、それは世界中に広まった。その病気は一種の旋毛虫で、それにかかると、その患者は、自分だけが正しい、自分だけが絶対の真理をつかんだ、と主張して、狂人のようになり、争い、憎みあい、ついには殺しあった。この病気は村から町へと広がり、海をこえて、多くの国々に広まった。この伝染病は猖獗《しょうけつ》をきわめ、世界中に蔓延《まんえん》した。薬もなく、治療法もなく、患者も死者も増える一方だった……。

　やがて純潔な人々があらわれて、新しい生活を創造し、地上を浄化するであろう、と期待されたが、その姿を見た人はなかった」（大意抄訳）

ラスコリニコフは、この悪夢が悩ましく、苦しく、長く記憶に残り、いたく苦しめられた。ラスコリニコフは、仲間の囚人達を見て驚いたことがあった。彼らは自分の生活を愛していた。暖かい太陽の光や鬱蒼たる森や、さえずる小鳥や、森の奥にある、冷たい清水の湧いている泉などをいとおしんでいた。しかし、彼はその仲間には、入らなかった。あいも変わらず、妄想にふけっていた。一同は彼を軽蔑し嘲笑し、憎む者もいた。全員が会堂に集まって祈りをささげた時、数人が彼に襲いかかった。「やい、不信心者！　てめえは神様を信じねえんだな」。彼は、神のことについて、何も話したことがなかったが、彼らはラスコリニコフを不信心者としておそいかかったのだ。止める者がいなかったら、血をみる所だった。ソーニャはラスコリニコフについてきて、この辺境の町に住み、仕立物などしながら時々彼に会いに来た。ラスコリニコフの心は容易にとけることはなかった。一方、ソーニャが監獄に来るようになってから、彼女は不思議にみんなから愛される存在となった。

　クリスマスに肉饅頭とパンを囚人達全員に差し入れたことがあるだけで、あとは無筆の者の代筆をしてやったり、囚人の身寄りの者が町に来た時、その差し入れる金品を受け取り、囚人に渡してやるだけだった。だが、荒くれ男達は、彼女が姿を見せると、小柄な彼女に向かって「よう、おっ母さん、お早う」などと声をかけ、彼女はにっこり頬笑んでみせた。

　彼等はそれだけで嬉しそうだった。

「よく晴れた暖かい日だった。ラスコリニコフは仲間と共に河岸の作業場に出かけた。昼休みの時、彼は積んであった丸太にすわり、荒涼とした広い河を眺め始めた。遠い向こう岸から、かすかな歌声がつたわってきた。そこには日の光をあびた、果てしもない草原に、遊牧民の天幕が、小さな点となって、ぽつぽつと見えていた。そして囚人達とはちがう、自由な人々が生活していた。そこではまるで時そのものが歩みを止めて、アブラハム（旧約聖書中の族長）と、その牧群との時代が、まだ過ぎさっていないかのようであった。彼の思いは、夢のような空想へ、深い瞑想へと移っていった。突然、彼のそばにソーニャがあらわれた。

　彼女は静かに彼と並んで腰をおろした。

彼女は言葉をかけず、嬉しそうに、愛想よく頬笑んで、おどおどと手をのばした。いつもだと、素っ気なく、時には忌々しげに彼女に対していたが、その日はちがった。彼は突然彼女の前にひざまずくと、涙を流し彼女の膝を抱いた。彼女は一瞬、驚いて、あおざめ、ぷるぷるふるえた。ついに彼女の待ちうけた瞬間がきたのだ。彼女の眼には幸福の光が輝いた……。

これから二人の新生、復活の物語が始まるのだが、この物語はここで終わる」（大意抄訳）

作者の力が尽きてしまった、というような終わりかただが、『罪と罰』は、ドストエフスキーの巨人的な作品群の最初の小説であり、否定と拒絶と悪夢の地獄篇である。以後、最後の『カラマーゾフの兄弟』まで、作者とつきあっていく方もいるかも知れないが、何にせよ、ロシアの大地のように、ダダッぴろいのだ。

そこで、ラスコリニコフの未来の一つの姿が『カラマーゾフの兄弟』の中に表現されている。それは主人公のアリョーシャ少年だ。アリョーシャは聖者ゾシマ長老の愛《まな》弟子であり、作家のいとし子である。アリョーシャは、長老から、俗界での修行を命じられた。その門出の夜、ラスコリニコフが何度もくり返した拝跪の姿勢をとる。そして実は、アリョーシャがラスコリニコフの後身だという、不思議な、おそらく無意識で書いた部分がある。全体として詩のように美しいので、少し長いが引用する。

「彼の頭上には、静かに輝く星々をいっぱいに満たした天蓋が、広々と、果てしなく広がっていた。天頂から地平線にかけて、いまだおぼろげな銀河が二つに分かれていた。微動だにしない、すがすがしい、静かな夜が大地を覆っていた。寺院の白い塔や、金色の丸屋根がサファイア色の空に輝いていた。建物のまわりの花壇では、豪奢な秋の花々が、朝までの眠りについていた。

　地上の静けさが、天上の静けさと一つに溶けあおうとし、地上の神秘が、星たちの神秘と触れあっていた……アリョーシャは立ったまま星空を眺めていたが、ふいになぎ倒されるように大地に倒れこんだ。

中略

そう、彼は、歓びにわれを忘れて泣いていたのだ。天蓋から彼にむかってささやくように輝いている、この無数の星たちのことを思っただけで泣けたのだ。そして彼は、「自分のそうした有頂天を恥じてはいなかった」。これらすべての、数限りない神の世界から伸びる糸が、彼の魂のなかで一つに結びあい「異界と触れ合うことで」魂全体が震えていたのだ。

彼は、すべてに対して、すべての人々を許し、（すべての人々に――筆者補訳）許しを乞いたかった。そう！ それは自分のためではなく、すべての人、すべての生きとし生けるもののためだった。《自分の罪はほかの人々が許してくれる》ふたたび彼の魂のなかでひびく声があった」

アリョーシャは純真無垢な少年で、誕生から、この日まで、何一つ罪など犯していない。思うに、自分の罪とはラスコリニコフのおかした罪にちがいない。これが、作者が、アリョーシャがラスコリニコフの後身であることを、無意識のうちに、もらしてしまった部分であると思うのである。

『罪と罰』の訳は中村白葉訳を参照、語彙が古い場合は部分的に他の訳を参照した。『カラマーゾフの兄弟』には、亀山郁夫訳を参照した。誌して謝意を表します。

結語あるいは蛇足

人を殺せば官憲に追われて逮捕されるのがオチだ。それがわからないのは、ラスコリニコフがくそまじめだからだ。その度のすぎたまじめさの為にソーニャに愛され救われる。一方スヴィドリガイロフは世渡り上手の世間師で、金で買われて男妾になっても、蛙の面に小便で少しも恥としない。ドゥーニャに救いを求めてもはねつけられるのは、その臭いのせいだ。物理的な臭いではない。人間には生きてきた閲歴がきざまれて、雰囲気としてただようものなのだ。女をもて遊んできた臭いがドゥーニャには許せなかった、それで作者は彼を自殺させた。だがこういう男は自殺なぞしない。世間の遊興の片隅に居場所を見つけることが多い。では何故作者は彼を自殺させたのか。種明かしはこうだ。

アンナ夫人によるとドストエフスキーはものすごく嫉妬深い男で、アンナがある男に手にキスをさせた（挨拶の一種）だけで怒り狂ったそうだ。それで思想犯で人殺しは救っても、女たらしは許せなかったのだ。まあ、片手落ちではあります。

理論篇の二足歩行はどうでしたか。つけ加えると、人類は二足歩行を始めて、垂直構造となり、他の動物が四足歩行で水平構造であるのを見て、上から目線で見下し、傲慢になったのではないか。それで他者否定の行きつく所、核兵器をつくり出したのではないか。人類は自ら絶滅危惧種となった生物である。必要とされるのは大地と水平になること、拝跪である。仏教でいう五体投地だ。

徳目でいえば、つましく、あるいはつつましく、質素倹約して生きることだ（私の母は、ツマ――シクと強調した）。最後に私の御託と屁理屈を読んでくだされた方に深く感謝いたします。アリガトネ!!

『神の愛《アガペ》と人間の愛《エロス》』

完

あとがき

　これを書いている２０２２年の春、ロシア大統領のプーチンが、突如ウクライナに侵攻した。当初は電撃作戦で数日間で作戦終了の予定だったらしいが、一ヶ月を過ぎてもウクライナ側の善戦とゼレンスキー大統領の卓越した指導力で、戦闘は一進一退、膠着状態に陥ったようである。そこで、これに関連したドストエフスキー思想について書いてみる。

　ラスコリニコフは一方では、純真なアリョーシャでなく、強者の特権理論を信奉し、ロシアのナポレオンたらんとしていた。実は、ドストエフスキーの父親は横暴な性格で、農奴の娘を凌辱し、その為、数人の農奴に殺害されている。ドストエフスキーの反抗精神は、まず父親に次いで延長してロマノフ朝の専制皇帝に向けられたと考えられる。最後の作品『カラマーゾフの兄弟』の中の、アリョーシャの兄イワンは、「神のつくった世界に入場を拒否する」という徹底的な否定者である。彼の作品「大審問官」は絶対的な悪魔と手を結んだ権力者である。実はこれがイワンの望みなのだ。

ロマノフ朝の最後の皇帝ニコライ2世は、国内での革命運動を強権で弾圧する一方、東方への勢力拡大をはかり、日露戦争をひき起こし敗北、次いでバルカン半島への進出を企て、第一次世界大戦に突入、軍部の反対を聞かず自ら戦争を指導、軍隊の反乱により退位。エカテリンブルグで皇后と四人の娘達と共に銃殺された。革命後のソビエト政府の革命指導者はウクライナから食糧を強制的に徴収し四百万人の餓死者を出した。さらに独裁者スターリンも、大粛清により厖大な敵対者を処刑した。その後、ソビエト連邦はアフガニスタン戦争に突入、約11年間に厖大な戦費と人命を失い、2年後の1991年崩壊した。

理論などというものではなく、単なる感想だが、この「大審問官」やロマノフ朝帝政、ソビエト連邦などをあわせて考えてみると、ロシアは、国土が広大で、コスモス、つまり秩序だった世界が作られにくく、半ばカオス（渾沌）状態にあるので、強力な専制指導者が、カオスをまとめる為に、必要悪となるのかも知れない。強権、犠牲者、戦争、という三本立ての要素でみると、ロマノフ朝帝政もソビエト連邦も似たようなものではないか。21年間続いているプーチン政権が、ウクライナに侵攻し、膠着状態にある。日本では、二度あることは三度あるという。歴史はくり返すのか、否《いな》か。

（２０２２年４月）

本書を出版するにあたって、小林昇様及び幻冬舎ルネッサンスの皆様に多大の御尽力を賜りました。心から感謝する次第です。

手塚誠臨　敬白

〈著者紹介〉
手塚誠臨（てづか・せいりん）
昭和18年生まれ。早稲田大学政治経済学部中退。
著書に『運命と自由』(真命社)。娘から「お父さんは原始人よ」と云われている。

神の愛《アガペ》と人間の愛《エロス》

2023年3月1日　第1刷発行

著　者　　手塚誠臨
発行人　　久保田貴幸

発行元　　株式会社 幻冬舎メディアコンサルティング
〒151-0051　東京都渋谷区千駄ヶ谷4-9-7
電話　03-5411-6440（編集）

発売元　　株式会社 幻冬舎
〒151-0051　東京都渋谷区千駄ヶ谷4-9-7
電話　03-5411-6222（営業）

印刷・製本　中央精版印刷株式会社
装　丁　　弓田和則
装　画　　櫻井絵里

検印廃止

ISBN 978-4-344-94413-8 C0095
幻冬舎メディアコンサルティングＨＰ
https://www.gentosha-mc.com/

神の愛《アガペ》と人間の愛《エロス》

手塚誠臨
TEZUKA SEIRIN

GENTOSHA
幻冬舎MC